Günter Stach

Taubenschläge und Volieren

Günter Stach

Taubenschläge und Volieren

Praktische Anleitung zum Planen, Bauen und Modernisieren von Zuchtanlagen für Tauben

3. überarbeitete und erweiterte Auflage

Oertel+Spörer

Bildnachweis
Alle Fotos und Zeichnungen vom Autor, ferner Fotos von:
Apel, K. Seite 16
Greisel, G. Seite 20
Stettler, W. Seite 62 (u)

Bibliografische Information der Deutschen Nationalbibliothek
Die Deutsche Nationalbibliothek verzeichnet diese Publikation in der Deutschen Nationalbibliografie; detaillierte bibliografische Daten sind im Internet über http://dnb.d-nb.de abrufbar.

© Oertel+Spörer Verlags-GmbH + Co. KG · 2012
Postfach 16 42 · 72706 Reutlingen
3. überarbeitete Auflage
Alle Rechte vorbehalten
Lektorat: Dr. Gabriele Lehari
DTP und Repro: Oertel+Spörer Verlags-GmbH + Co. KG, Reutlingen
Druck und Bindung: Oertel+Spörer Druck und Medien GmbH + Co., Riederich
Printed in Germany
ISBN 978-3-88627-636-3

Inhalt

Vorwort zur 3. Auflage

Unter den am Fortschritt interessierten Taubenhaltern und Rassetaubenzüchtern gibt es offensichtlich doch einen gewissen Nachholbedarf, um die Haltung und Zucht von Tauben in modern gestalteten, schließlich an tierpsychologischen Erkenntnissen orientierten Anlagen zu betreiben. Dass eine 3. Auflage in elf Jahren notwendig war, ist ein ermunternder Beweis dafür.

Als mir Frau Dr. Gabriele Lehari, die Lektorin meines im gleichen Verlag und zur selben Zeit erschienenen Buchtitels „Taubenzucht – Ratgeber für die Praxis", den Vorschlag unterbreitete, in gleichem Zuge „Taubenschläge und Volieren" zu überarbeiten, lag es nahe, nach fällig gewordenen Textergänzungen auch die Bilderserie größtenteils auszutauschen.

Das seit dem Erscheinen der 1. Auflage von 2001 in den vergangenen Jahren gesammelte Bildmaterial, durchgehend als farbige Illustration aufbereitet, und die Neugestaltung des Inhalts schlagen sich nun erfrischend und informativ nieder. Fotos aus Vorzeigehaltungen vermitteln jetzt Eindrücke, wie sie textlich nicht wirkungsvoller beschrieben werden könnten, jedoch nachahmend in der Praxis umso individueller umzusetzen sind.

Allen Zuchtfreunden, die mir Einsicht in ihre Zuchtanlage gewährten, sei an dieser Stelle nochmals gedankt. Dankbar bin ich vor allem dem Verlagshaus Oertel+Spörer, Reutlingen, das wie eh und je den Wünschen der Leserschaft nachkommend dem Autorenkreis nicht nur die Möglichkeit bietet, den aktuellen Wissensstand zu vermitteln, sondern darüber hinaus in seiner eigenwilligen Weise das traditionelle Schrifttum sogar fördert.

Nach wie vor – so endet auch das Vorwort der 2. Auflage von 2005 – will „Taubenschläge und Volieren" bestenfalls als praktischer Begleiter für Planung, Neubau, Modernisierung und Substanzerhalt verstanden werden. Bei der Ausübung dieser Vorhaben wünscht Ihnen der Autor gutes Gelingen und viel Freude daran. Und noch ergänzend: Möge es der weltweit betriebenen und völkerverbindenden Rassetaubenzucht weiterhin motivierenden Aufschwung geben.

Schömberg-Langenbrand, im Juli 2012
Günter Stach

Columbarium, eine historische Tauben-Unterkunft (etwa 70 n. Chr.) auf dem Felsmassiv Massada der judäischen Berge an der Westküste des Toten Meeres.

Einführung

Der Lebensraum der Ahnen unserer Haustauben, der Felsentauben, *(Columba livia)*, erstreckt sich nördlich des Äquators vom mittleren Asien bis Westeuropa. Domestiziert wurden die Tauben im vorder- und mittelasiatischen Raum, also in heißen Klimazonen. Ihre Haustierwerdung begann vor etwa 6000 Jahren. Klima und Umwelt brachten bodenständige Tierarten mit besonderen Eigenschaften hervor, die sich nach zwangsläufiger Ansiedelung außerhalb ihres Lebensraums sehr deutlich zurückbilden und demzufolge sogar in ihren Leistungen nachlassen. Ein solches Beispiel dafür sind unsere durch Mutation und Zuchtwahl entstandenen Taubenrassen; vor allem die verschiedenen Spielarten der Flugtauben gaben bei Begegnungen mit Reisenden in den Domestikationszentren und auch auf dem Balkan Anlass, sie in mittel- bis nordeuropäischen Ländern einzuführen, um auch dort Freude an den akrobatisch veranlagten Flugkünstlern empfinden zu können.

Eine der jüngsten Errungenschaften stellen hierzulande die Ägyptischen und Syrischen Seglertauben dar. Dass sie zum einen auf Anhieb als Flugtauben weit unter allen Erwartungen bleiben und zum anderen beim Ausstellungstyp noch lange nicht die in ihren Heimatländern übliche prächtige Farbenpalette in Erscheinung bringen, ist zweifellos auf die hier herrschenden ungünstigen klimatischen Verhältnisse zurückzuführen. Fauna und Flora regeln ihre eigenen Anpassungsstrategien; Tiere und Pflanzen bedürfen bei jedem Standortwechsel der ausdrücklichen Akklimatisierung und gewissen Zeiten der Eingewöhnung.

Der Leser wird an dieser knappen Schilderung erkennen, wie ernst zu nehmen bis ins Detail sogar der Zuchtanlagenbau mit seinen Eigenheiten ist, und wird – sofern er unerfahren ist – nachfolgend Einblicke in die Vorgänge des Taubenalltages erfahren, die eben baulich zwingende Notwendigkeiten voraussetzen. Schließlich bleibt es nicht aus, informativ grundsätzliche Verhaltensweisen einzuflechten, selbst wenn sie für den einen oder anderen längst zum Allgemeingut geworden sind. Jedenfalls sind sie wissenswert; sie sollen den Unerfahrenen vor Schaden bewahren oder dem Unentschlossenen so manche Entscheidung erleichtern.

Die Anschaffung der Tauben macht sie zu unseren Lebensgefährten und der Umgang mit diesen Federtieren lässt uns im Laufe des Miteinanders durchaus in ihre Gefühlswelt eindringen. Zum besseren Verständnis der Vorgänge in einem besetzten Taubenschlag sei deshalb dem Bauwilligen empfohlen, vor allem die nicht technischen Kapitel mit besonderer Aufmerksamkeit zu lesen. Der Inhalt wird ihm vermitteln, welche ethologischen Gründe – das Verhalten der Tauben nämlich – sich auf die funktionelle Brauchbarkeit des Taubenschlages samt seiner Einrichtungen auswirken. Und wie wichtig es wird, frei nach dem Motto „Fachliteratur = Erfahrung, die man kaufen kann", alle die Ratschläge in diesem Buch zu berücksichtigen, damit die Freude an der Rassetaubenzucht weder ausbleibt noch in irgendeiner

Weise getrübt wird. Rassetaubenzucht zu betreiben ist eine stimmungsausgleichende Freizeitbeschäftigung und verantwortungsvolle Lebensaufgabe zugleich.

Als Rassetaubenzüchter wird man geboren, wie es heißt, doch wird man in seiner Umgebung ob dieser Freizeitbeschäftigung gelegentlich sowohl auf Sympathie als auch auf Ablehnung stoßen. Nicht immer erklären sich die Nachbarn bereit, die Taubenhaltung zu dulden. Bis zu ihrer Durchsetzung kann es ein strapaziöses Verfahren werden. Die Ursache hierfür resultiert nicht selten am Fehlen attraktiver Beispiele, sprich anspruchsvoller Zuchtanlagen. Und gerade weil wir um Ansehen in der Öffentlichkeit buhlen, muss es uns ein dringendes Bedürfnis sein, sie mit einer Sehenswürdigkeit vom Gegenteil zu überzeugen. Durch die dauernde Pflege und ihr schmuckes Äußeres muss die Zuchtanlage zu einem Objekt der Neugierde heranreifen.

Bei der Auswahl der Fotografien wurde vorrangig der Zweckmäßigkeit großes Interesse geschenkt. Auch wenn die von mir aufgesuchten Zuchten, manche so uniform in Gemeinschaftszuchtanlagen und doch großartig in Reih und Glied, beeindruckend paradieren, ließen sie doch im Funktionsdetail unterschiedliche Individualität, nämlich die persönliche Handschrift ihres Betreibers erkennen, wie er sich mit der Materie Rassetaubenzucht identifiziert und auseinandersetzt.

Bedenken Sie auch beim Betrachten und beim Schlüsseziehen, dass Sie hierbei jeweils mit den Visitenkarten derzeitiger Hochzuchten konfrontiert werden, mit dem Spiegelbild von dort ausgehenden Wettbewerbserfolgen. Wo Farbe fehlt und Umständlichkeiten durch handwerkliche Technik vereinfacht werden könnten, ist auch ein Mehraufwand von Zeit und Arbeitskraft einzusetzen, die der Betreuer von sich aus gern aufwendet; denn unterm Strich gesehen haben diese Züchter gleichermaßen ihr gestecktes Zuchtziel erreicht. Es sei ebenso dahingestellt, wo sich die Tauben am wohlsten fühlen – ausschlaggebend ist ihre Vitalität, die sie nur bei art- und rassegerechter Unterbringung sowie optimaler Pflege zum Ausdruck bringen.

Historisches

In der historischen Literatur des Landes Sachsen-Anhalt wird das hier abgebildete Taubenhaus häufig erwähnt. Das auf vier Pfeilern ruhende Fachwerkgebäude diente der großzügigen Taubenhaltung in der seit dem 10. Jahrhundert erwähnten Burg Giebichenstein oberhalb der Salzsiederstadt Halle. Die Taubenhaltung wurde hier in großem Umfang betrieben. Solche Massivbauten gab es in Mitteleuropa nicht wenige. Wenn auch heutzutage zur Taubenhaltung kaum noch genutzt oder vom Verfall gezeichnet, genießen sie baukulturhistorisches Ansehen.

Erst nachdem die Taubenhaltung kein Privileg des Adels mehr war, ließ vornehmlich die Landbevölkerung keine Möglichkeit aus, sich zur Bereicherung des Speisezettels feldernde Tauben anzuschaffen. Wo es wegen der Vorratshaltung in Gebäuden keinen Platz gab, hängten sie an die Stallwände, aus Brettern zusammengefügt, anspruchslose Kästen mit einem Flugloch pro Abteil. Wenn sie nicht – wie es die bauliche Situation kaum zuließ – von der Rückseite zugänglich waren, erfolgte jede Handhabung über eine lange Leiter, manchmal in schwindelnder Höhe.

Historischer Taubenschlag auf Burg Giebichenstein.

Leben der Tauben im Haustierstand

Von Natur aus sind unsere Tauben anpassungsfähig und anspruchslos. Sie demonstrieren das mit langer Verweildauer an unbequemen Plätzen und der erfolgreichen Aufzucht ihrer Jungen in riskant gelegenen Brutstätten wie auch mit der Verwertung von für uns Menschen eigentlich ungünstig eingeschätzten Futtermitteln in den Großstädten. Fakten, die keinen Taubenhalter zu ähnlicher Haltens- und Versorgungsweise animieren dürfen. Unsere Rassetauben haben seit ihrer Domestikation und besonders in den vergangenen fünfzig Jahren ihr Erscheinungsbild derart verändert, dass sie mitunter kaum noch Ahnenähnlichkeit erkennen lassen. Aufgrund dessen muss ihre Unterbringung in Anpassung an den ursprünglichen Lebensraum mit einer rassegerechten Ausstattung versehen sein.

Grundvoraussetzungen für das Gelingen der Haltung und Zucht von Rassetauben sind ausreichend große und trockene Taubenschläge mit günstigem Zugang für Licht und anhaltender Frischluft. Neben der üblichen Versorgung, die im Züchteralltag zur Routinehandlung wird, hat sich jede Aufmerksamkeit auf das Wohlergehen der Tiere zu richten. Dabei ist es für die Tauben unwesentlich, ob sie in massiven Gebäuden oder in Gartenschlägen untergebracht sind, wenn eben das Umweltangebot optimal ausfällt.

Vorgelagerte Voliere mit Freiflughaltung, vollkommen überdacht, in einem Dorfgebiet der Rheinpfalz bei A. Maurer, Neustadt/Lachen.

Teilansicht der Zuchtanlage des Verfassers: Zur Hälfte überdachte Volieren in Holz mit verzinkter Sechseckdrahtbespannung.

Großzügige Zuchtanlage in Metallkonstruktion von Fritz Kalverkamp in der Gemeinschaftszuchtanlage Ludwigshafen-Edigheim.

Typische Anlage in Holzkonstruktion von R. Pröll in der Gemeinschaftszuchtanlage Nürnberg-Eibach.

Gebräuchliche Schlaganlage im Garten eines Wohngebietes mit gehobenem Standard bei K. Kaiser, Stuttgart-Gerlingen.

Zuchtanlage für Russische Tümmler in Holzbauweise bei Familie Schoch in Halle/S. – Oppin.

Volieren in einem Wohngebiet mit schön angelegten Blumenrabatten bei R. und W. Kolb im hessischen Goddelau.

Prächtige Schlaganlage mit technischen Finessen (Zuchtgemeinschaft E. Kubale und Chr. Waskowitz, Hambühren).

Der Topografie des Thüringer Landes angepasst: Moderne Zuchtanlage bei K. Apel, Gösselsdorf.

Beim Planen einer Neueinrichtung oder dem Umgestalten renovierbedürftiger Rassetaubenschläge werden die Betreiber an feste Räumlichkeiten gebunden sein, während der Neubau eines Gartenschlages zu ebener Erde, mit oder ohne Volierenanbau, maßlich von der Größe und Lage des Grundstückes bestimmt wird. Hier gilt es – wie auch für den Hausschlag – zugunsten der Taubenhaltung den baulichen Umfang der Zuchtstätte auf die Bedürfnisse der infrage kommenden Rasse abzustimmen. Die Rassenvielfalt gestattet durchaus, eine Auswahl zu treffen, die zu einer befriedigenden Lösung führen wird. Im Hinblick auf den erforderlichen Raumbedarf kann der Planer verlässliche Erfahrungswerte zugrunde legen, die den späteren Insassen ein Wohlfühlen garantieren.

Die neuere Fachliteratur empfiehlt pro Kilogramm Taubenkörpermasse einen Anteil an Bodenfläche und Raumvolumen von jeweils 0,25 bis 0,50 Quadrat- bzw. Kubikmeter. Wenn sich die Bauherren mit dem ziffernmäßig geringen Platzbedarf auch zufrieden geben, wird der Aufenthalt für die Schlaginsassen allerdings nur so lange erträglich bleiben, wie sich die Zahl der Tauben nicht drastisch erhöht. Die Umquartierung der Nachzucht in einen separaten Jungtierschlag wird zur Pflichtmaßnahme, sollen die Elterntiere ihren fürsorglichen Pflichten nachkommen und die Jungtiere sich unbeschwert entwickeln können.

Bei einer Grundfläche von 5 Quadratmetern (2,00 u 2,50 m) und einer lichten Höhe von 2,00 m können in der Praxis bei 10 Kubikmetern Luftraum zehn Paare einer mittelschweren Rasse beherbergt werden. Wenn sich wie hier theoretische Vorgaben in der Praxis zuverlässig bewähren, muss sich dieses Übereinstimmen nicht unbedingt in allen Fällen auch so günstig auswirken. Sowohl aggressive als auch flüchtige Rassen können des Züchters Vorhaben infrage stellen. Wichtig ist auch, wie er es versteht, mit seinen Tieren umzugehen: in direktem Kontakt vertraut oder bindungslos distanziert. In Besonderheit wird sich hier wohl die Friedfertigkeit bei der einen Rasse für die unterste Besetzungsgrenze als ausreichend erweisen, hingegen die Streitlust bei der anderen wiederum einen größeren Raumbedarf erfordern.

Eine Freiflug- oder großzügige Volierenhaltung vorausgesetzt, entsprechen die oben empfohlenen Bedarfseinheiten durchaus den rassegerechten Erfordernissen, ohne tierschutzrelevante Erwägungen zu verletzen.

Der Erbauer wird schließlich zwischen einer Massiv- oder Holzbauweise entscheiden, sofern die Baubehörde bei größeren Anlagen das Baumaterial nicht vorschreibt oder der Statiker bei zweigeschossigen Gebäuden sich von vornherein festlegt.

Für den Selbstbau eignet sich Holz als Baustoff am besten; es bietet vor allem dem ambitionierten Heimwerker vielerlei Vorteile und ist gezielt platziert an jeder Stelle verwendbar, wenn prophylaktische Schutzbehandlungen für eine lange Lebensdauer vorgenommen werden. In berechneten Dimensionen ist es für unsere Zwecke auch statisch ausreichend beanspruchbar.

Die Ausführung in Stein, Massiv- oder Holz in Leichtbauweise ist nicht nur eine Kosten- oder handwerkliche Geschicklichkeitsfrage. Erfahrene Rassetaubenzüchter tendieren bei Neubauabsichten aus gutem Grund zum Holzbau. Die Ursache liegt hier in der damit eher zu erreichenden Trockenheit – ein geschätzter Vorzug gegenüber Taubenschlägen aus feuchtigkeitsanfälligen Massivbauten. Bauphysikalisch lassen sich freilich gleich gute Resultate erzielen, die eben im Vorfeld der Planung berücksichtigt werden müssen.

Zur Aufrechterhaltung eines konstanten Raumklimas ist der Einsatz atmungsaktiver Materialien Voraussetzung. Deshalb werden wir bevorzugt organische Baustoffe wie Holz, das in vielen Verarbeitungsvarianten zur Verfügung steht, verwenden und weitgehendst auf Kunststoffe verzichten. Das trifft genauso für baukosmetische und Schutzanstriche zu. Versiegelnde Lasuren kommen im Freien dort zur Anwendung, wo sie erforderlich sind.

Auch wenn die Tauben am liebsten in dunklen Verliesen brüten, zeichnen sich moderne Rassetaubenschläge im Innern durch Helligkeit aus. Der im Wohnungsbau übliche Lichteinlass sollte im Taubenschlag eher höher ausfallen. Das sind immerhin 25 bis 30 % und mehr an Fensteröffnung, bezogen auf die Bodenfläche = 30 % von 5,00 Quadratmetern = 1,5 Quadratmeter Fensterfläche. Die Effektivität lässt sich durch helle Raumanstriche sogar noch steigern.

Gerade weil die Rassetaubenzucht zur sinnvollen Freizeitbeschäftigung herangereift ist und sich viele Züchter so manche Stunde außerhalb der Tageszeiten bei den Tauben aufhalten – dort die Tauben auch für die Ausstellungen vorbereiten –, wird die Stallanlage sowohl mit elektrischem Strom versorgt als auch an die Frischwasserver- und Abwasserentsorgung angeschlossen. Unverzichtbar ist auch die Installation einer Blitzschutzanlage; im Versicherungsfall wird sich diese Investition prämiengünstig bemerkbar machen.

Unvermeidbar vor der Verwirklichung eines jeden Bauwerkes ist die Befragung der örtlichen Baubehörde über einzuhaltende Richtlinien und Vorschriften, ob Baufachleute wie Architekt und Statiker einzuschalten sind und inwieweit die Taubenhaltung unbedenklich mit Freiflug erlaubt werden kann. Dieselbe Situation wird anzeigepflichtig, wenn die Tauben im Wohnhaus oder in einem Nebengebäude ihr Domizil finden sollen, weil hierbei eine nicht unerhebliche Nutzungsänderung dieser Räumlichkeiten entsteht. In der Vorbereitung auf das Bauereignis sei auf die Einsicht in die Landesbauordnung (LBO) und das länderspezifische Nachbarschaftsrecht hingewiesen.

Das Oben und Unten im Taubenschlag

Diese Zeichnung verdeutlicht, wie Enge und Zwänge in den Taubenschlägen Reibereien auslösen. Ziel ist, mit Konstruktionsfinessen auch in der Beengtheit erfolgende Zwangsreaktionen herabzusetzen. Bauen heißt deshalb Lebenserträgliches zu schaffen. Der Täuber Streben nach den höchst gelegenen Brutplätzen hat manchen bewogen, in großräumigen Verhältnissen besser mehrere Nistzellen neben- und nur eine geringe Anzahl übereinander zu platzieren. Wo sich in schmalen Behausungen solche Varianten nicht einrichten lassen, bewirken vorgezogene Zwischenschiede zur Trennung optische Reviergrenzen.

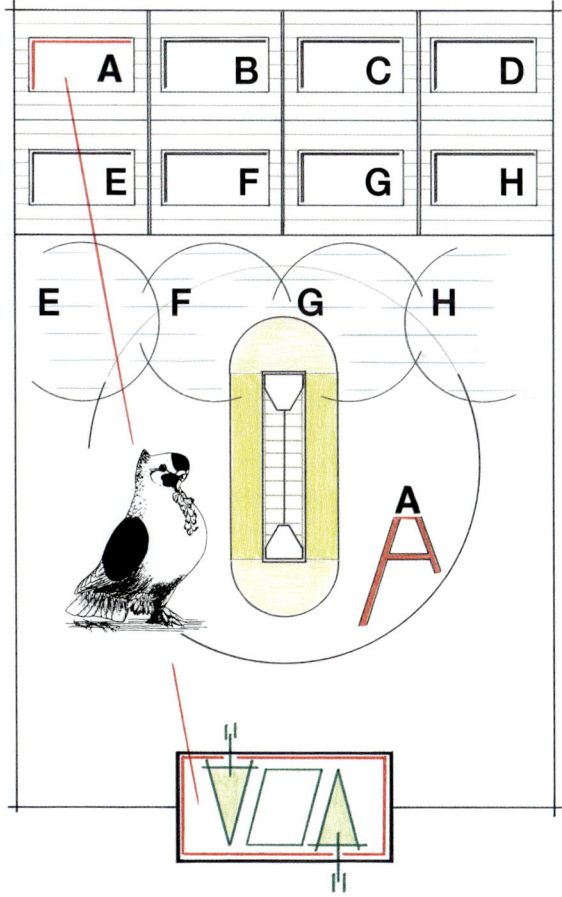

Demonstration: Günter Stach   *Taube: J.-L. Frindel*

Doppelzuchtanlage bei H. Eisenschmidt, Salgen. Bewährte Zuchtschläge in Holz mit vorgelagerten Volieren.

Der Grundriss zeigt, wie ineinandergreifend Aktionsradien nach vorhergehenden Drohgebärden zu Attacken führen. In Taubengemeinschaften sind das natürliche Umgangsformen, die den Alltag regulieren und die Rangordnung aufrecht erhalten. Wenn auch unsichtbar, sind in einem Taubenschlag sämtliche Aufenthaltsflächen in Besitz, zumindest geben sie Anlass zum Streiten, bei Knappheit sogar energisch darum zu kämpfen.

Zum ausgesprochenen Schlagtyrannen reift jener Täuber heran, der sich allen anderen gegenüber auf dem Flugbrett durchsetzt und von dort aus seine Übermacht demonstriert. Das Passieren dieser Fläche beim Ein- und Ausflug wird deshalb bei ungeeigneter Öffnungsgröße zur Tortur für unterlegene Artgenossen. Jedenfalls ist eine Unterteilung vorteilhafter, wenn die Flugöffnung breit genug statt schmal und hoch ist. Eine Alternative hierzu wäre, den Durchlass mehrfach durch senkrechte Hindernisse zu unterbrechen.

Zur Situation: Während der Täuber A – oder auch B, C, D – aus der oberen Nistzellenreihe Einfluss (rot) auf die Vorgänge im gesamten Taubenschlag nimmt und an der Schlagöffnung dominiert, sehen die Täuber aus den bodennahen Zellen – E bis H – in jedem Artgenossen einen konkurrierenden Eindringling, der ihnen in dem blauen Bodenbereich zu nahe kommt. Gedränge am Futterplatz (gelb) resultiert aus Platzmangel. An den Trogenden wird bei der Fütterung das Begegnen in Eile mit Ausweichen geregelt, später dann – nach der Sättigung – mit Dominanz; die Unterlegenheit wird mit Umkehr oder Rückzug verdeutlicht. Am Flugbrett wahren die Tauben die artspezifische Individualdistanz. Zu Zeiten der Ruhephasen ergibt sich ein friedvolles Bild. Auch am frühen Morgen, wenn der Tag anbricht, ist dort die Welt noch in Ordnung.

Die Individualdistanz

Wenn Tauben in familiärer Fortpflanzungsgemeinschaft zwar vornehmlich in Kolonien nisten, wahren sie zu ihren Artgenossen dennoch präzisen Abstand. Diese fast auf den Millimeter genau eingehaltene Distanz wird augenscheinlich, wenn sie auf dem Dachsims oder auf dem First sitzend Platz genommen haben, wie es die Möwen auf Brückengeländern oder Stare und Schwalben auf den Überlandleitungen tun. Im Einzelnen sind sie darauf bedacht, diesen Zwischenraum nicht größer werden zu lassen – das käme einer Absonderung von der sozialen Gemeinschaft gleich. Sie lassen ihn auch nicht kleiner werden, weil der Nachbar ein Zu-nahe-Kommen als Bedrohung deutet und zunächst mit Drohgebärden reagiert. Situationsbedingt geht das uns Menschen ähnlich. Im Tierreich wird diese empfindsame Respektzone nach dem Schweizer Tiergartenbiologen Prof. Dr. H. Hediger mit „Individualdistanz" bezeichnet.

Diese Individualdistanz nimmt bei Tauben erheblichen Einfluss auf die Ausstattung ihres Lebensraumes, der Taubenschläge und Volieren. Sie bestimmt die Maßeinheiten, die wir passend bei den Einrichtungen (Nistzellen, Sitzregal, Sitzplatzanordnung, Flugöffnung und Futtertröge) zugrunde legen müssen, soll die Harmonie in der Taubenherberge gewahrt bleiben.

Insbesondere in der Enge, wenn dem Durchsetzungsdrang räumliche Grenzen gesetzt sind und die Tiere unter dem psychischen Druck der bedrohlichen Dichte nicht ausweichen können, wirken sich diese krank machenden Stresssituationen auf die Gesundheit der Tiere durch häufige Anfälligkeit negativ aus.

Für die Individuen ist es überlebenswichtig, dem dominierenden Artgenossen die Unterlegenheit mit Ausweichen oder Flucht, sprich Wegfliegen, zu signalisieren. Ein Paradebeispiel zur Vergegenwärtigung des scheinbaren Schutzschildes die Individualdistanz theoretisch darzustellen und sie in der Praxis einschränkend zu reduzieren, offenbart das Alltagsbild in der Grafik (siehe nächste Seite). Der Züchter wird jeder Taube im Schlag wenigstens eine Sitzmöglichkeit bereitstellen wollen, also so viele wie möglich, auch wenn es platzmäßig knapp zugeht. Deshalb sind sie eher zu dicht beieinander als zu weit voneinander platziert.

Bereits das Anfliegen zum Sitzplatz löst beim Nachbarn gewisse Bedrängnis aus und prompt kommt es zu Drohgebärden mit Imponiergehabe, bis dieses Eindruckmachen in spektakulären Auseinandersetzungen mit Federnlassen endet. Und wenn einer der Plätze nur um wenige Zentimeter das Niveau der restlichen überragt, nimmt der Platzinhaber bereits die Sonderstellung ein, die unter den Machtbesessenen angestrebt wird.

Hier wird deutlich, wie wichtig es ist, im Taubenschlagbau unter Berücksichtigung solcher Verhaltensweisen die bauliche Ausstattung darauf abzustimmen. Der individuelle Anspruch auf einen passenden Lebensraum beherrscht nun mal die Überlebensstrategien bei allem Lebendigen.

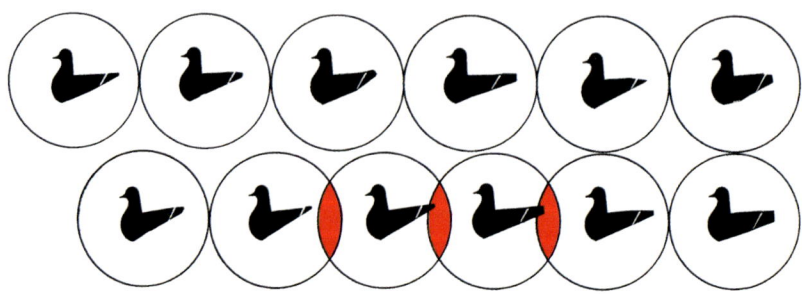

Wenn sich Tauben zu nahe kommen, geraten sie offensichtlich in eine Konflikt-situation. Die Folgen sind Wehrreaktionen, nicht selten strapazierende Auseinandersetzungen.

In einem Sitzregal bleiben die Individuen scheinbar außer Reichweite; der Sichtkontakt ist künstlich verwehrt, trotz der Nähe zum Nachbarn bleiben die Tauben stressfrei.

Die Kenntnis der Verhaltensvorgänge lässt freilich Manipulationen zu, sofern sie die artspezifischen Verhaltensmuster ansprechen und somit den Überlebenschancen entgegenkommen. Eine solche Vorliebe der Tauben ist, das Geborgenheitsbedürfnis zeitweise in Höhlen und Nischen auszuleben. Daraus resultiert schließlich die Bereitstellung des obendrein noch platz- bzw. raumsparenden Sitzregals, in dem anzahlmäßig wesentlich mehr Tiere unterzubringen sind, verglichen mit der Anordnung von Einzelsitzen. In den Sitzregalen hausen die Individuen optisch abgeschirmt sozusagen innerhalb der eigenen vier Wände. Falls sie einen Nachbarn sehen, enden solche Begegnungen mit wehrenden Regungen. Im Laufe der Zeit – Tauben suchen traditionell immer wieder ihren Stammplatz auf – verläuft das ritualisierte Geschehen des Miteinanders eher gemäßigt ab, eben in den Taubenschlägen, wo die Harmonie dank aller funktionellen Voraussetzungen gegeben ist.

Schlagklima

Auch wenn wir den Tauben mit der Bereitstellung einer Unterkunft und der Versorgung ihr Dasein sichern, haben die Tiere als Flugvögel auch im Haustierstand einen enorm gesteigerten Stoffwechsel und infolgedessen einen hohen Sauerstoffbedarf. Alle Planungsüberlegungen sind deshalb vorrangig auf die im Taubenschlag zu allen Jahreszeiten erforderliche Trockenheit auszurichten. Die Wahl der Materialien, die Anordnung der Lüftungsöffnungen sowie die Oberflächenbeschaffenheit der Wände, der Decke, des Fußbodens und der Einbauten sind auf das Erreichen optimaler Raumklimaverhältnisse abzustimmen. Jedes später auftretende Manko müsste mit technischen Ausgleichsmaßnahmen minimiert werden, denn unzureichender Luftaustausch bedeutet die Begünstigung von Aufzuchtkrankheiten wie der Kokzidiose, ganz abgesehen vom Ausbrechen gefährlicher Seuchen wie der Salmonellose. Sauerstoffmangel führt zu Appetitlosigkeit; Mangelerscheinungen sind demnach nicht auszuschließen. Anzustreben sind klimatische Verhältnisse im Schlag, die sich von der Außenluft nicht unterscheiden!

Die Rassetaubenhaltung kann sich heutzutage in unzureichend belüfteten Stallungen vielerlei technischer Finessen bedienen, die den Umgang mit den in Taubenschlägen und begrenzten Volieren lebenden Haustieren erleichtern. Damit kommt die Technik den Züchtern hilfreich entgegen, den eingeengten Bewegungsraum zum Lebensvorteil ihrer Tiere so zu gestalten, dass lebensbekömmliche Umweltverhältnisse zustande kommen, wo es die bauliche Situation in natürlicher Form weniger zulässt.

Jede Taubenherberge ist demnach unablässig mit Frischluft zu versorgen; sei es auf natürlicher Basis mit einer regulierbaren Be- und Entlüftung in Form von Wandöffnungen mit ausreichenden Querschnitten für den Lufteintritt in Bodennähe und den Austritt der verbrauchten Luft oberhalb des Schlages im Deckenbereich oder mittels einer nicht unbedingt kostenträchtigen mechanischen Lüftungsanlage im Kleinformat, wie sie mit Hygrostaten über Relais in innen liegenden Sanitärräumen des gewöhnlichen Wohnungsbaues gute Dienste leisten. Nur in dieser Weise kann feuchtigkeitshaltige Luft abtransportiert und die angestrebte Trockenheit im Schlaginnern konstant gehalten werden.

Unentbehrliche Faktoren für ausgeglichene Klimaverhältnisse und somit für das Wohlbefinden der Tauben förderlich sind die natürlichen Elemente: Licht, Luft und Sonneneinwirkung, denen wörtlich genommen im Übermaß Einlass zu gewähren ist, weil die Baulichkeiten unterschiedlichsten Witterungsbedingungen in den jeweiligen Klimaregionen ausgesetzt sind. Wald- und Wassernähe beeinträchtigen ebenso die Atmosphäre und nehmen negativen Einfluss auf das Stallklima, besonders in überbesetzten Schlägen.

Lavendel-Bündel verbreiten einen angenehmen Duft und reduzieren das Aufkommen von Insekten.

Hanfspelzen als Einstreu in den Taubenschlägen minimieren die Luftfeuchtigkeit.

Das Gasgemisch der Außenluft setzt sich im Wesentlichen aus Stickstoff, Sauerstoff und Kohlendioxyd zusammen. Die ausgeatmete Luft der Taube beträgt 16 Volumenprozent Sauerstoff und 4 Volumenprozent Kohlendioxyd – wobei die Frischluft mit 21 Volumenprozent Sauerstoff- und 0,03 Volumenprozent Kohlendioxydanteilen die zwingende Notwendigkeit einer unablässigen Luftventilation in einem Taubenschlag sehr deutlich macht. 25- bis 30-mal setzt eine Taube täglich Kot ab und zusammen mit der ausgeschiedenen Atemluft ergeben das immerhin 20 bis 25 Gramm Wasser. Bei den in Ansatz gebrachten 10 Kubikmetern Rauminhalt sind das bei 20 Tauben 400 bis 500 Gramm Wasser pro Tag, in einer Woche annähernd 5 Liter!

Dass die hohe Luftfeuchtigkeit, vor allem im Frühjahr und Herbst, bei drastischen Wetterumschwüngen oder in Nebelgebieten durch feuchtes Gefieder den Wärmeschutz mindert und das Wohlbefinden der Schlagbewohner wesentlich beeinträchtigt, wird augenscheinlich; ihre Widerstandskraft sinkt und gegenüber Krankheiten werden sie besonders im Bereich der Atemorgane anfällig. Im zeitigen Frühjahr wäre Brutunlust die eine und im frühen Herbst, während oder kurz nach der Mauser, mangelhaftes Gefieder die weitere Folge von Feuchtlufteinwirkungen. Zur Reduzierung der Luftfeuchte machen tägliche Schlagreinigungen also Sinn. Gibt es keinerlei Beeinträchtigungen und ist Trockenheit dauernd gewährleistet, wird auch bei der teilweise angewendeten Trockenkotmethode die Raumluftqualität nicht darunter leiden.

Mit dem Schlagklima in Verbindung gebracht stellt sich berechtigt die Frage: Bodeneinstreu oder nicht? Die Meinungen über Sinn und Zweck gehen hier auseinander. Wohlgemerkt kann mit der günstigen Wahl auch hier unter Berücksichtigung einer wirksamen Absorption die Luftfeuchte gesenkt werden. Dabei bietet jede Einstreu Vor- und Nachteile. Was sich positiv auf die Luftqualität auswirkt, kann zu negativen Folgen für Nasenschleimhäute und Atemwege bei den Tauben führen. Probieren geht auch hier über Studieren. Wie erwähnt, erfährt die Bodeneinstreu entsprechend der Standortsituation, aber auch wegen der bauphysikalischen Gegebenheiten doch eine gewisse Wertschätzung. In jüngster Zeit hat sich die Hanfspelzeneinstreu als sehr vorteilhaft erwiesen.

Feuchtigkeitsbindefaktoren bei:

Sand	1 : 0,25
Hobelspänen	1 : 1,45
Sägespänen	1 : 1,50
Weizenstroh	1 : 2,60
Roggenstroh	1 : 2,65
Haferstroh	1 : 2,75
Hanfspelzen	1 : 5,00

Licht und Sonne

Mit der ausreichenden Frischluftversorgung allein ist es aber nicht getan – von spezieller Wichtigkeit zur Steigerung der Lebensqualität ist unbedingt das Sonnenlicht, besonders im Frühling, wenn die Tage länger werden, die Paare eine Trennung nach der Winterruhe überwunden haben und für Nachwuchs sorgen sollen. Weniger die Temperaturen sind es, die den Fortpflanzungstrieb anregen, sondern die Lichtintensität. Vom empfindsamen Auge aufgenommen und über Zentren des Hirns zur Hirnanhangdrüse weitergeleitet, werden die Geschlechtsdrüsen zur Hormonförderung aktiviert. Ersatzweise bewirken künstliche Lichtquellen denselben Effekt, noch dazu, wenn wohldosiert anregende Futtergaben den Taubenorganismus dabei unterstützen. Zweckmäßig ist also eine Elektroinstallation im Taubenschlag, mit der es möglich ist, durch Einsatz künstlichen Lichtes den Brutbeginn vorzuverlegen.

Mit gewöhnlichen Beleuchtungskörpern ist die Erfüllung dieses Lichtphänomens jedoch nicht zu erreichen. Wie man das mithilfe der Technik beeinflussen kann, ist im Kapitel Elektroinstallation und Beleuchtung entsprechend beschrieben.

Kälte zehrt – das trifft in besonderer Weise auf die Entwicklung der Jungtiere zu. Sonnenlicht löst Wohlbehagen aus, animiert den Stoffwechsel, regt den Appetit der Tauben an und fördert bei Vorhandensein der übrigen Umweltfaktoren – neben Trockenheit und Frischluft – das Wachstum der sich angeblich im Nachteil befindlichen Spätbruten. Begünstigt werden im Nest liegende Junge dann, wenn sie – geringe Schlagtiefe vorausgesetzt – hindernislos, also nach Aushängen bzw. Öffnen der Fensterflügel möglichst direkt von den ultravioletten Strahlen der Sonne erreicht werden. Die Taubenküken gedeihen dann prächtig und die Krankheitsrisiken werden gesenkt; ein weiterer Vorteil dabei ist die gesteigerte Frischluftzufuhr im Sinne der Raumklimaverbesserung.

Sonnenlicht fördert die Fortpflanzung.

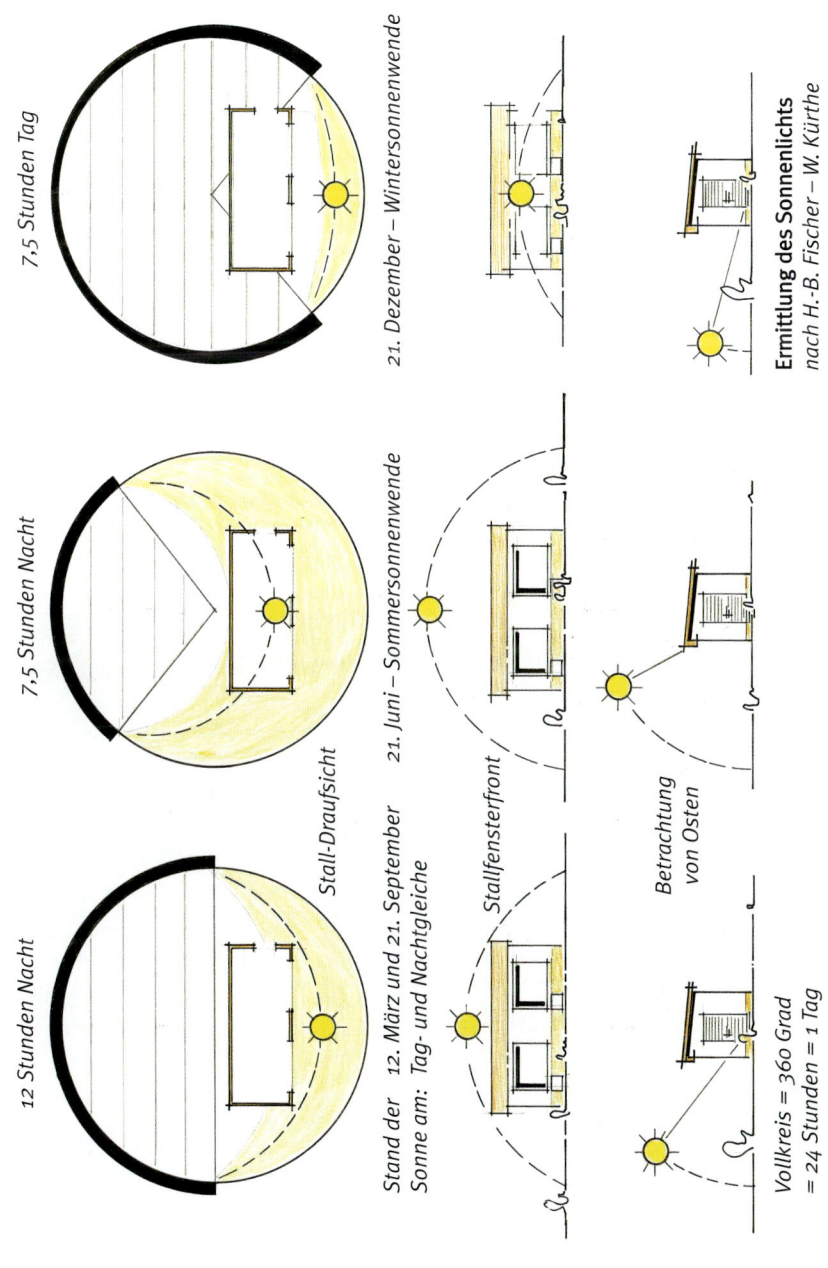

12 Stunden Nacht

7,5 Stunden Nacht

7,5 Stunden Tag

Stall-Draufsicht

12. März und 21. September
Tag- und Nachtgleiche

21. Juni – Sommersonnenwende

21. Dezember – Wintersonnenwende

Stand der
Sonne am:

Stallfensterfront

Betrachtung
von Osten

Vollkreis = 360 Grad
= 24 Stunden = 1 Tag

Ermittlung des Sonnenlichts
nach H.-B. Fischer – W. Kürthe

Der Gartenschlag

Der Bauherr wird längst mit einer Rasse liebäugeln, die er zu züchten beabsichtigt. Ihm ist also bekannt, welcher Größenordnung und welcher Rassengruppe sie angehört. Ihre Körpergröße, ihr Temperament und ihre Fluggewandtheit geben ihm Orientierungshilfen für die Abmessungen des Schlages und dessen Einrichtung im Detail. Vom notwendigen Bauvolumen her wird er festlegen, wie viele Zuchtpaare eine Basis bilden sollen; er wird sich in weiser Voraussicht auch für mehrere Abteile entscheiden, wenn verschiedene Farbenschläge oder auch unterschiedliche Rassen ihren Einzug halten sollen. Sogenannte Babyställe und Jungtierschläge – in jedem Fall garantieren sie die störungsfreie Entwicklung der Nachzucht – sind sinnvoll, bedingen jedoch planerisch entsprechende Berücksichtigung, Räumlichkeiten also, die nebeneinander gereiht ein ordentliches Bauwerk darstellen.

Am besten ist für das Gebäude mit Flugöffnungen, Fensterfront und vorgelagerten Volieren die Ausrichtung nach Süden bis Südosten. Jede Abweichung davon ist mit Sonnenlichteinbuße verbunden. Eine Ausrichtung nach Westen kann problematische Auswirkungen mit sich bringen, weil die Tiere gegen Zugluft anfällig und dadurch vermehrt Erkältungskrankheiten ausgeliefert sind.

Ein Vorzeige-Gartenschlag für Rassetauben im BDRG-Wissenschaftlichen Geflügelhof.

Die Gründung

Das Bauwerk beginnt mit der Gründung der Fundamente; das können Streifenfundamente – unter tragenden Wänden – oder Bodenplatten aus Beton sein. Letztere ersparen tiefes, vor allem bei steinigem bis felsigem Untergrund beschwerliches Graben und außerdem, falls keine Verwendungs- oder Verteilungsmöglichkeit auf dem eigenen Grundstück geboten ist, die Abfuhr des Aushubes auf eine Deponie. Hinzu kommt der zwar geringere, dafür teurere, kostenmäßig aber ausgeglichene Betonbedarf in höherer Güte.

Der Untergrund, die obere Humusschicht, wird bis auf den „gewachsenen", also festen Erdboden abgetragen, und zwar so, dass die gesamte Fläche ringsum eingeschalt werden kann. Zum besseren Absprießen (Fixieren, gegen Verschieben sichern) wird lediglich die Stärke des Schalmaterials (Holzdielen oder Schalbretter mit seitlicher Kantholzumrahmung) zwischen Erdreich und der äußeren Bodenplattenkante berücksichtigt. Schalungshöhe und Aushubtiefe richten sich nach

Ein im Rohbau befindlicher Holzschlag mit Pultdach (Gemeinschaftszuchtanlage Nürnberg-Zabo). Erkennbar sind zwei Ställe mit großzügigen Licht- und Luftöffnungen und die vorgerichteten Fundamente für die Volieren. Sehr wichtig ist das mindestens einmalige Vorbehandeln der äußeren Holzverkleidung. Sinnvoll ist ein Schutzanstrich vor dem Anbringen der einzelnen Bretter. Die senkrechte Schalung ist weniger anfällig gegen Nässe als eine waagrechte Strukturierung.

der vom Statiker festgelegten Plattendicke (15–25 cm) plus Kiesfilter (5–10 cm). Je nach punktueller bzw. gleichmäßiger Belastung – ob Massivbauweise mit Mauerwerk oder Holzbauweise, die leichtere Alternative – wird die Dicke der Betonplatte ausfallen. Damit sie schwächer bemessen werden kann, erhält sie zudem gegen Rissebildung als Bewehrung eine Baustahlmatteneinlage.

Nach dem Einschalen der Umfassung werden (Zeichnung 8) Erdkabel für Strom, Wasserleitung (in Kunststoffqualität) sowie die Entwässerungsleitungen (in PVC oder Steinzeug, mindestens 100 mm Durchmesser), jeweils für Oberflächen- (Regenrinnen) und Schmutzwasser (Ausgussbecken und Badewasser) genau eingemessen und in die dafür ausgehobenen, mit Sand und Splitt aufgefüllten Gräben verlegt. Die Kanalisationsleitungen erhalten ein leichtes Gefälle zur Grundleitung.

Mit der Behörde ist im Voraus abzuklären, inwieweit die Regen- mit der Schmutzwasserleitung zusammengeführt werden kann oder ob beide im Trennsystem, also separat zu verlegen sind. Auch wenn die Fäkalienanteile nur in geringen Mengen anfallen, sind die Gemeinderichtlinien zu beachten. Sofern es sich um ein

Dieser Gartenschlag (Andreas Oldak, Jüchen) steht auf einer Massivbodenplatte. Die Auflagehölzer sind mit einer bituminösen Pappeunterlage gegen aufsteigende Feuchtigkeit zu schützen; Leerräume sind gegen das Eindringen von Schadnagern mit einem Gitterschutz zu versehen.

im Außenbereich befindliches Bauvorhaben (Gemeinschaftszuchtanlage) handelt, wäre die Einrichtung einer vorgefertigten Kleinkläranlage in Erwägung zu ziehen.

Auf die ebene Bodenfläche wird der Kiesfilter (Frostschutzschicht) aufgebracht und darauf eine feuchtigkeitsabhaltende Kunststofffolie gelegt (durch den Bauhandel als Rollenware beziehbar).

Bei Hanglage des Grundstückes wird man zum Schutz der aufgehenden Außenwände bis über die Oberkante des später angefüllten Erdreiches in Wandstärke eine Aufkantung betonieren (Zeichnung 3). Sinngemäß ist das die Fortsetzung des Fundamentes bzw. der Bodenplatte, für das zur Verbindung gegen Abreißen sogenannte Steckeisen aus Rundstahl mit einbetoniert werden. Dieser Streifen bleibt an der Betonoberfläche wegen besserer Haftung in unbearbeitet rauem Zustand. Spätestens am anderen Tag wird nach dem Aufschalen weiter fortführend betoniert und es werden gleichzeitig Rundstahlanker mit Gewinde (Zeichnung 3) für die hölzerne Fußschwelle der Außenwände – bei Holzbauweise – eingebaut.

Darauf folgt die Betonschüttung in zwei Arbeitsgängen, das heißt Einbringen einer ersten Lage, dann Verlegen der Stahlbewehrung und schließlich die obere Betonschicht, deren Oberfläche mit einem Richtscheit plan abgezogen und anschließend mit einem Reibebrett fein abgerieben wird. Während des Betoniervorgangs wird die plastische Masse mit einem elektrisch betriebenen Betonrüttler verdichtet. Entlang der Außenkante – im Abstand von etwa 10 cm – verläuft parallel dazu das Blitzableitererdband (erhältlich im Elektro- oder Baustoffhandel) und endet am Dachrinnenablauf mit einer Endfahne.

Rohbaumaterial

Die Erfahrung lehrt, die Baustoffe nach der Häufigkeit ihrer Verwendung vorzustellen und nicht auf eventuelle Negativerscheinungen hinzuweisen; denn viel zu leicht läuft ein Autor Gefahr, nach der Publikation vor dem Kadi zu landen, weil die womöglich benachteiligten Interessenverbände auf Geschäftsschädigung klagen. Die Auswahl ist ohnehin nicht üppig und so wird sich der Bauwillige beim örtlichen Baustoffhändler gemäß günstiger Angebote daran orientieren, welchem Steinmaterial er den Vorzug gibt. Und im Grunde genommen eignen sich im Hinblick auf ihre Strapazierung allesamt, sie erfüllen nur unterschiedlich ihren Zweck. Allerdings ist zu bedenken, ob die Innen- und Außenwandflächen jeweils einen Verputz mit Mörtel, nur eine dünnlagige Spachtelung oder Fassadenverkleidungen außen und bei Verzicht auf den Verputz innen die zusätzliche Beplankung mit Gipskartonplatten oder hölzernen Tafeln erhalten sollen.

Auf dieser Alternativgrundlage basierend, ergeben sich in Abstimmung mit dem Architekten und Statiker in der Praxis folgende Anwendungsbeispiele:

Massives Stallgebäude mit Kalksandsteinen gemauert und mit Fassadenfarbe gestrichen.

Mauerwerk nach DIN aus verschiedenformatigen gebrannten Tonziegeln, Kalksandsteinen, Bimshohlblöcken oder Gasbetonkörpern. Bleiben die Innenwände unverputzt, müssen die Maurer zur Vermeidung von Löchern die einzelnen Bausteine satt im Mörtelbett vollfugig verlegen. Soll der Fugenanteil gering ausfallen, bieten sich günstigenfalls großformatige Steine an. In einigen Fällen lassen sich Planblöcke auch im Klebeverfahren miteinander verbinden. Im Einkauf zwar nicht billig, genügt ihre glatte Oberfläche für den fälligen Anstrich.

Verlangt das ästhetische Empfinden des Bauherrn dennoch einen Verputz der Innenwände, reicht ein sogenannter Pinsel- oder Rapp-Putz, um die noch offenen Fugen zu verschließen und die Mauerwerksstruktur sichtbar zu belassen. Ein zentimeterdicker Kalkputz verleiht der Stallwand durchaus eine gewisse Wohnraumnorm. Anstelle dessen eignen sich in ähnlicher Dicke Gipskartonplatten in Feuchtraumqualität, die beim Befestigen von Sitzplätzen, Regalen und anderer Einbauten durchdrungen werden müssen, soll der tragende Untergrund für eine direkte Verankerung sorgen.

Regelmäßige Desinfektionen – vor und nach der Zuchtzeit – sind wirkungsvoller, wenn die Untergründe der Umfassungswände (Wand-, Decken- und Bodenflächen) glatt strukturiert sind. Ein Anstrich ist demnach unerlässlich, der noch dazu die Helligkeit erhöht und zum anderen dem lichtscheuen Ungeziefer bis zur Fliegengröße den Aufenthalt erschwert. Weil hierbei die eigentliche Qualität des Materials kaum in Anspruch genommen wird, werden wir uns für eine preisgünstige Innen- oder auch Außendispersionsfarbe entscheiden. Diese Fabrikate trocknen schnell und lassen sich mit Wasser und Bürste sehr leicht reinigen, das heißt, der Kot kann ohne Abnutzungsmerkmale einwandfrei entfernt werden.

Außer betonierten Massivdecken bestehen die räumlichen Abschlüsse nach oben – selten in Stahl – hauptsächlich aus Holzkonstruktionen. Beim Zimmermeister werden wir uns den Rat einholen, falls nicht ein Statiker behördlicherseits zum Planungsensemble gehört, wie im einzelnen die Deckenbalken, das – je nach Dachneigung – Kehlgebälk, die Sparren und die Firstpfette zu bemessen sind. Erfahrungsgemäß werden hierbei oft Dimensionen gewählt, die das Maß des Notwendigen überschreiten. Wir sollten uns jedoch nicht vom Geiz verführen lassen und die Angaben missachten. Aus Erfahrung wissen wir, dass in schneereichen Wintern an der Bausubstanz gewaltige Schäden entstehen, die nachher mit viel aufwändigeren Reparaturen behoben werden müssen.

Die Dachneigungen werden in den meisten Gegenden vorgeschrieben, auch die der Dachform, nicht selten sogar die Dachdeckung. Weil Taubenschlaganlagen in der Tiefe knapp bemessen sind, erweisen sich Pultdächer (Zeichnung 5) mit geringer Neigung als geeignet, weil die Eindeckung fugenlos, sozusagen an einem Stück, die Gebäudetiefe überdeckt.

Je geringer die Neigung, umso stabiler wird auch statisch die Deckenkonstruktion bemessen sein; bedingt durch die lange Liegedauer einer Schneelast bis zum völligen Tauen hat dieses Erfordernis seine Richtigkeit. Steile Dächer ergeben dafür größere Dachflächen und verlangen aufgrund schwergewichtiger Ziegeleindeckungen genauso dimensionierte Trageelemente. Die Praxis beweist, dass absolute Flachdächer auf Dauer doch gewisse Risiken mit sich bringen, noch dazu, wenn sie in Eigenleistung ausgeführt werden.

Moderne – vor allem vorgefertigte – Taubenschläge werden oft mit ziegelbedeckten Satteldächern versehen. Im Zuge der geforderten Trockenhaltung werden dort die offenen Dachräume über den Deckenabschlüssen zu Entlüftungszwecken (Zeichnung 32) genutzt – keine Novität, doch ein Verfahren, das im Kapitel „Lüftung" erörtert wird.

Mögliche Dacheindeckungen

Dachziegel sind im Wesentlichen aus Ton gebrannt und werden in unterschiedlichen Formen und Farben angeboten.

Betondachsteine bestehen aus Sand, Zement und Farbpigmenten, ihre Formen sind unterschiedlich.

Beide Werkstoffe bieten in der Praxis wie kaum andere dem Taubenzüchter Lüftungsvariationen an, die beim Schlagbau in sehr wirksamer Weise unseren Frischluftbestrebungen entgegenkommen. Die Vielfalt an Formstücken gestattet hierbei

Dieser Massivschlag mit Satteldach ist eingedeckt mit Beton-Dachziegeln.

Die besandete Dachpappe auf einem Holzdach wird an den Stirn- (Ortgängen) und Traufseiten am sichersten mit handelsüblichen Winkelprofilen befestigt.

auch dem Nichtfachmann, nachträglich Änderungen, Ergänzungen oder einen Austausch durchzuführen.

Dachplatten sind kleinformatige Schindeln aus Faserzement und ergeben beim Eindecken interessante Verlegestrukturen. Zweifelsohne ist dieser Werkstoff die künstliche Nachahmung vom natürlichen **Schiefer**. In einigen Landesteilen findet dieser an attraktiven Gebäuden der persönlichen Note wegen sehr häufig Verwendung.

Bitumenschindeln zeichnen sich aus durch ihr relativ geringes Gewicht und ihre wesentlich vereinfachte Verarbeitung. Nach Verlegehinweisen fällt es dem ambitionierten Selbstwerker recht leicht, die Arbeiten auszuführen, wobei Dächer mit extrem geringer Neigung den Aufwand erleichtern. Eine Unterkonstruktion aus Spanplatten auf dem Dachgebälk lässt die Gesamtkosten recht günstig erscheinen.

Titanzink- und Kupferblech auf einer Holzschalung verlangen außer handwerklichem Geschick Maschinen- und speziellen Werkzeugeinsatz bei der Präzisionsverarbeitung. Zur Vermeidung von Geräuschentwicklung bei Regen ist die Verlegung einer anorganischen Antidröhnunterlage unerlässlich.

Wellplatten aus glasfaserverstärktem Kunststoff für Dach und Wand werden speziell im Industriebau und an landwirtschaftlichen Gebäuden sehr häufig eingesetzt. Längen von 4 bis 8 m am Stück und einer Nutzbreite von mindestens 1m reichen über größere Spann-

weiten. Nur an Holzbalken und Konter-
konstruktionen vertikal und horizontal
mit Schrauben befestigt, trotzen sie
allen Wetterunbilden. Eine Anti-Tropf-
Beschichtung auf der Innenfläche bin-
det entstehendes Kondenswasser unter
einschaligen, nicht isolierten Dächern.

Faserzementplatten, zeitweilig wegen ihrer Asbesthaltigkeit in Verruf
geraten, sind heute zwar frei von ge-
sundheitsschädigenden Stoffen, werden wegen ihres Gewichts bei kleineren
Bauten aber weniger verwendet.

Zu den vorgenannten Wellenpro-
filen liefert die Industrie transparente
Formteile passend zu den eigentlichen
Profilen, sodass ohne Aufwand beliebig
Helligkeit in das Rauminnere gelangen
kann.

*Zementfaser-Wellenprofil-Dachplatten
mit integriertem Lichtelement auf dem
Satteldach eines Massivstalls. An der
Giebelseite befindet sich der Ein-/Aus-
flug in die ebenerdige Voliere.*

Trapezbleche mit und ohne aufka-
schierten Dämmstoff, in Abmessungen
wie bei den Wellplatten aufgeführt, erweitern das vielseitige Programm.

Die einfachste Art, sozusagen ein
Dach über den Kopf zu bekommen, ist
das **Bretter- oder Spanplattendach mit
Dachpappe** genagelt und geklebt. Bei
verantwortungsbewusster Verarbeitung und Berücksichtigung einiger Finessen aus dem Erfahrungsschatz des
Ausführenden kann mit einer langjähri-
gen Haltbar- und Dichtigkeit ausgegan-
gen werden.

*Die Giebelseite dieses Stallgebäudes
ist mit senkrechten Profilbrettern ver-
kleidet. Hier ist es technisch gut gelöst,
den Höhenunterschied der Volieren-
decke auszugleichen.*

Beliebt als Außenwandverschalung sind mit Nut- und Feder ausgebildete Vollholzprofile.

Schlagbau in Holzbauweise

Ohne Schaden zu nehmen, überstehen die Tauben in unseren Regionen jede der üblichen Witterungslagen. Je wärmer, umso angenehmer; Kältegrade von zeitweise minus 30 Grad sind zwar selten, dennoch zeigten bislang unsere Pfleglinge nach solchen Perioden nie Negativerscheinungen. Dank ihrer Anpassungsfähigkeit nehmen sie auch dort keinen Schaden, wo extreme Temperaturunterschiede herrschen, wie sie in Asien nicht selten sind.

Wenn die Tauben nun keiner besonderen Schutzmaßnahmen gegen Kälte bedürfen, würden doch Baukonstruktionen ohne Isolierung vollkommen ausreichen. Bei Volierenhaltung, wo Tag und Nacht die Flugöffnungen unverschlossen bleiben sowie Türen und große Fensterflächen die Wanddicke reduzieren und an solchen Stellen niedrige Temperaturen die Wandflächen schneller abkühlen lassen, fallen die Dämmwerte ohnehin sehr ungünstig aus. Die Bestrebungen zur Offenfrontunterbringung unterstreichen außerdem solche Überlegungen. Der natürlichen Haltungsform von Haustauben, die unverweichlicht den gesunden Zuchtstamm ausmachen sollen, käme diese einfache Bauart durchaus zugute. Zweifellos würden hierbei die Baukosten niedriger ausfallen. Ein überlegenswerter Grund also, die Bauabsichten im Hinblick auf tiergerechte und wirtschaftliche Erwägungen einmal zu überdenken.

Die antiquarische Literatur und spätere Autoren, die ihre Mitteilungen aus dem Wissensgut des vorletzten Jahrhunderts schließlich weitergaben, empfahlen, Taubenschläge über Backstuben einzurichten – ein Vorhaben, das schließlich nur ein Bäcker hätte verwirklichen können. Wie paradox, doch die frühere Taubenhaltung beschränkte sich nun einmal auf die Dachböden in den Städten und auf die Stallgebäude der Dörfer. Ein Vorteil waren damals die Größen und die einigermaßen dort herrschenden annehmbaren Temperaturen, die kaum die Tränken einfrieren ließen, sofern die Tauben dort getränkt wurden und nicht, wie es Praxis war, auf dem Hofe irgendwo eine Tränke bereitstand.

Wer sich längere Zeit in seiner Zuchtanlage aufhält, und das regelmäßig über Jahre hinweg, wird dieses stille Domizil sehr wohl als Heimstatt betrachten und sehr wahrscheinlich die wärmere Ausstattung bevorzugen. Die wärmegedämmte Alternative wäre keine Fehlinvestition bei einer eventuellen späteren Nutzungsänderung, wenn die Tauben vielleicht eine andere Bleibe finden und an ihrer Stelle kälteempfindlicheres Geflügel dort untergebracht wird. In die Zukunft zu planen geht erfahrungsgemäß mit jeder Planungsüberlegung einher und ist immer noch von Vorteil. Um der Unschlüssigkeit bis zur fälligen Entscheidung ein Ende zu bereiten, soll doch die doppelschalige Bauweise, wie sie im Fertigbau die Norm ist, beschrieben werden.

Die Grundkonstruktion (Zeichnung 2) besteht aus einer horizontalen Sattelschwelle – unter der sich eine Isolierpappe gegen aufsteigende Feuchtigkeit befindet – am Boden, die mit dem Fundament oder der Bodenplatte mittels einbetonierter Anker verschraubt wird. Darauf richten sich, befestigt mit Verzapfungen oder Stahlwinkeln (Zeichnung 3) die Pfosten – auch Stiele genannt – auf, sodass sich mit dem oberen Balkenabschluss, einer Pfette, das Fachwerk bildet. Diagonale Streben an den Ecken stabilisieren den Aufbau; Riegel zwischen den Feldern überbrücken als Sturz Tür- und Fensteröffnungen, dienen ferner dem Fenster wie auch dem Flugbrett zur Befestigung. Auf der oberen Schwelle liegen die Deckenbalken; darauf baut sich der Dachstuhl auf. Soll die Dachfläche verschalt werden, folgen die Spanplatten oder Bretter (Zeichnung 3), wenn nicht, folgt dann die Lattung, am Schluss die Eindeckung.

Die Außenfront wird als Schutz gegen Schlagregen mit einer Feuchtigkeitssperre bespannt, falls die folgende Außenverkleidung im Laufe der Jahre durchlässig wird und Nässe eindringen könnte. Ein Dämmstoff auf Steinwollebasis – in der Dicke der Baukonstruktion angepasst – füllt das Fachwerk aus; Gipskartonplatten in Feuchtraumqualität oder eine Holzverkleidung bilden im Rauminnern den Abschluss, bevor – in Absprache mit dem Elektroinstallateur bei Unterputzverlegung – die Elektroleitungen verlegt worden sind.

Zur Verkleidung der Außenfronten werden gern Profilschalungen angebracht; sie wirken attraktiv, bedürfen aber regelmäßiger Anstriche. Am einfachsten lassen sich die einzelnen Paneele waagrecht an den bereits stehenden Pfosten befestigen, haben aber den Nachteil, dass sich auf der verlängerten Feder mit der Zeit Staub ablagert oder Kot von den Tauben landet, wenn Sitzgelegenheiten in der Nähe befestigt sind. Die gleichen Profile, senkrecht angebracht, schließen das aus; optisch betrachtet würden sie den Baukörper gestreckt höher erscheinen lassen.

Weitere Verschalungsmöglichkeiten bietet die Palette der Dacheindeckungen, wenn die Außenhaut des Taubenschlags nicht mit Sichtmauerwerk wie Klinker – anstelle der Isolierfüllung – versehen oder verputzt werden soll, was die Anbringung eines Putzträgers notwendig machen würde.

Bei Verzicht auf die Isolierung/Dämmung würde die Innenverschalung entfallen und dieser Raum der Schlaggröße zugute kommen. Die äußere Profilschalung würde auf der Rückseite freilich eine ebene Fläche ergeben, die, gestrichen, eigentlich den normalen Anforderungen gerecht werden würde, in bekannten Fällen ohne jegliche Baukosmetik für manchen an Komfort ausreichend.

Volieren

Zwar schränken Volieren den Flugraum der Tauben ein, bieten ihnen aber Schutz vor natürlichen Feinden, mindern die Einschleppungsgefahr von Krankheiten und reduzieren das Abhandenkommen wertvoller Zuchttiere. Der Freiflugersatz muss als Ziel zum Inhalt haben, den Tauben im begrenzten Lebensraum möglichst viele positive Reize anzubieten; das sind Größe und Gestaltung der Voliere wie auch im Besonderen die Anordnung der Ruheplätze und Laufbretter sowie die Aufteilung der Bodenfläche, die für das Wohlbefinden der Tiere von elementarer Bedeutung sind. Volieren können nicht groß genug sein; sie sind weniger auf die Schlaggröße als auf das Flugbedürfnis der Rasse abzustimmen. Tümmler sind darin beispielsweise anspruchsvoller als Strukturtauben.

Auf lange Sicht betrachtet, sind Holzkonstruktionen bei regelmäßiger Erneuerung der Anstriche an Haltbarkeit bzw. Lebensdauer gegenüber denen aus Metall keineswegs im Nachteil. Das beweist die annähernd dreißig Jahre ohne sichtbaren Substanzverlust bestehende Zuchtanlage des Verfassers. In exponierter Lage – 750 ü. NN – im nördlichen Schwarzwald, hat sie den Orkan „Lothar" von 1999 schadlos überstanden. Die im Folgenden angegebenen Materialien, Holzmaße und Spannweiten haben sich in der Praxis dort auch winters mit extremem Schneereichtum bewährt.

Die Überdachung einer Längenhälfte sollte ausreichen, wo einerseits der Wunsch besteht, Sonne und Regen abzuhalten, und andererseits diesen lebenswichtigen Elementen direkt Einlass zu gewähren. Es ist Ermessens- oder Erfahrungssache, Volieren ganzflächig oder nur teilweise zu überdachen. Die Ansichten hierzu sind sehr unterschiedlich. Rassespezifisch wird sich der Züchter mit Gleichgesinnten austauschen; und es kommt auch auf die Umgebung des Standortes an. In Küstennähe stehen wir vor anderen Witterungsbedingungen als an der idyllischen Bergstraße in Baden und Hessen oder am Kaiserstuhl im Breisgau.

Fertigung

Entweder bauen wir die Voliere sozusagen an einem Stück oder fertigen jeweils Einzelelemente, die dann miteinander zu einem Bauwerk verschraubt werden. Die Elementenbauweise hat den Vorteil, dass die Bespannung auf die in sympathischer Höhe liegenden Einzelteile befestigt werden kann, als wenn wir uns von der Leiter aus reckend und streckend den Situationen von oben und unten anpassen müssen. Auf diese Art erleichtert das Aufbringen der Deckenkonstruktion den oberen Abschluss.

Für den Volierenbau verwenden wir das im Fachhandel – oder direkt aus dem Sägewerk – übliche Bauholz in Nadelholzqualität, wie es zimmermannsmäßig im

Wohnungsbau bearbeitet wird. Gute Qualitäten zu günstigen Preisen liefern auch Baumärkte, für Heimwerker sogar in gebündelten Mengen und in großer Auswahl im Hinblick auf die Abmessungen. Ihre Schnittflächen sind so fein, dass sich ein Bearbeiten mit dem Hobel für glatte, streichfähige Oberflächen erübrigt.

Der Schlaghöhe nur in etwa – umso mehr den wirtschaftlichen Überlegungen – angepasst, maxi- bzw. minimieren wir im Normalfall die Konstruktionshöhe auf etwa 2,05 m und die jeweilige Elementenlänge auf 3,00 m. Bei 1,50 m steht mittig ein Pfosten, in der waagrechten Hälfte zur Aufnahme der Drahtgewebebespannung ein schwacher Riegel. Die Rahmenschenkellängen resultieren aus den handelsüblichen Fertiglängen der Holzhandlungen unter Berücksichtigung geringster Schnittverluste. Sicherlich lässt sich die Elementenlänge auf 4,00 m und mehr ausdehnen, das hängt schließlich von der Grundkonzeption ab. Die Volierenbreite über 3,00 m würde eine Höherdimensionierung der Deckenprofile bedeuten, wenn sie ohne Unterstützung frei gespannt werden sollen.

Stützen wirken nicht störend; harmonisch können sie integriert mit dort endenden oder beginnenden Laufbrettern in das Volierengefüge einbezogen werden. Sie sind standsicher zu gründen und gegen aufsteigende Feuchtigkeit zur Vermeidung von Fäulnis zu schützen.

Zur Erreichung der Standfestigkeit des Volierenaufbaues werden im Anschluss an den Taubenschlag (Zeichnung 13) entweder Block- oder Streifenfundamente gegründet. Anstelle dieser Gründungsart lassen sich mit ähnlichen Lösungen (Zeichnung 16) in Form einbetonierter Profilstahlstelzen gleich gute Stabilitätsergebnisse erreichen. Weil sämtliche hier aufgezählten Fundierungen bis in frostfreie Tiefe von etwa 0,80 bis 1,20 m zu führen sind, kommen im Selbstbau punktuelle Einzelfixierungen, wie beschrieben, sehr häufig zur Ausführung. Zwischen der massiven Fundamentumfassung und dem Holz wird eine Feuchtisolierung (Zeichnung 14) eingebracht.

Die Bodenbeschaffenheit im Volierenbereich – sandig durchlässig oder lehmig bindig – wird ausschlaggebend sein, inwieweit sich der Boden zum Verbleib eignet oder nach völligem Aushub und Einbringen einer Grobkiesschüttung als Regenwasser durchlässiger Unterbau mit Sandauffüllung den Anforderungen gerecht wird.

Volierenbaumaterialien

Eckpunkt mit aufliegendem Deckenrahmen: Die Hölzer sind stirnseitig stumpf gestoßen und mit Holzschrauben fest miteinander verbunden. Die Befestigung des Behanges auf der Voliereninnenseite würde die Ansicht gefälliger erscheinen lassen.

Vorbildlich ausgebildeter Fußpunkt: Rabattensteine aus Feinbeton (100 x 30 x 6 cm) mit einem Volierenaufbau aus Rahmenhölzern (6 x 6 cm), bespannt mit einem Punktschweißgitter (15 x 15 mm).

Holzbauweise:

Rahmenelemente in üblicher Nadelholzqualität 4 x 6 cm, Zwischenpfosten 4 x 4 cm, Deckenrahmen bei einer stützenfreien Spannweite von 3,00 m = 4 x 6 cm im Hochformat aufliegend.

Rundhölzer, selten verwendet, dennoch geeignet, möglichst mit gleichmäßigem Durchmesser von 4 bis 6 cm bei oben beschriebenen Anforderungen.

Als Querriegel in der Höhenmitte zum Befestigen der Bespannbahnen eignen sich **Dachlatten** im Format 24 x 48 mm.

Sämtliche Holzteile werden nach dem Zuschnitt, vor dem Zusammenbau, mindestens einmal, stumpfe Verbindungsstoßstellen mehrere Male vorgestrichen. Es ist Ansichts- oder Geschmackssache, die Holzteile mit einem lasurartigen Wetterschutz zu behandeln oder mit einer wasserlöslichen Dispersionsfarbe zu streichen. Beide Verfahren erfüllen denselben Zweck, noch dazu die Farbpalette keine großen Unterschiede erkennen lässt.

Metallbauweise in Stahl und Leichtmetall (Aluminium):

Vierkanthohlprofile, quadratisch und rechteckig, 30 x 30 mm, 40 x 40 mm und 30 x 50 mm mit entsprechenden Wandstärken; T-Profile und verzinkte Rohre, deren Endstücke gegen Eindringen von Wasser mit Kappen zu versehen sind, bilden Alternativen hierzu. Stahlteile verzinkt oder mit Rostschutzfarbe behandelt; Leichtmetall in diversen Farbvarianten eloxiert – bei Letzterem sind auf Dauer keinerlei Pflegemaßnahmen notwendig.

Diese schlanke Konstruktion aus streichfähigen Metall-Vierkantprofilen ist in Einzelteilen zusammengepasst. Die Elemente sind bespannt und mit U-Klemmen stabil verschraubt.

Zum Fertigungsprogramm gehören gekröpfte Winkel zur Aufnahme der seitlich angebrachten Laufbretter.

Ein Volierentrakt im BDRG-Wissenschaftlichen Geflügelhof mit einer aus der HeLe-Fertigung kommenden Leichtmetallkonstruktion mit eloxierten Aluminium-Profilen (20 x 20 mm). Die einzelnen Elemente sind jeweils mit Edelstahlschrauben verbunden. Bei Spannweiten über 3,00 m verstärkt ein aufliegendes T-Profil die Tragfähigkeiten der oberen Abdeckung. Die Verdrahtung besteht aus einem feuerverzinkten Behang (19 x 19 mm).

Eine direkte Berührung mit dem Massivboden wirkt sich nicht schädlich aus. Ein breiterer Bodenvorsprung würde die Handhabung mit dem Rasenmäher erleichtern.

Mittelstützen sind nicht hinderlich, wenn sie als Trägerkonstruktion für Laufbretter mit einbezogen werden.

Vorbildliche Fußpunktausbildung einer Mittelstütze – durch die entsprechende Bodenfreiheit wird das Verrotten durch Nässe vermieden.

Bei dieser Mittelstütze schützt die aufliegende Pappe vor eindringender Nässe.

Bespannung:

Sechseckgeflecht, verzinkt, als sogenannter Kaninchenstalldraht im Handel in verschiedenen Breiten als Rollenware (bis 200 m) erhältlich. Die Maschenweite wird nach dem Zollmaß angegeben. Je enger geflochten, desto stabiler die Spannbahn und undurchlässiger bei Schneefall. Die Durchlassweite unter dreiviertel Zoll verhindert den Eintritt von Spatzen und Mäusen.

Stanzgitter, stabile Rollenware, verzinkt und in Edelstahl, ohne zu spannen sehr leicht zu verarbeiten, Maschenweite ab einem Quadratzentimeter und größer werdend.

Maschendraht mit geringer Durchlassweite, verzinkt und kunststoffummantelt, in verschiedenen Breiten als Rollenware wegen seines Gewichts seltener eingesetzt, von sehr langer Lebensdauer. Kunststoffummanteltes Material muss schonend behandelt werden; bei Verletzung der Ummantelung besteht die Gefahr des Eindringens von Feuchtigkeit und somit der Korrosion des Metallkerns.

Punktschweißgitter, verzinkt, aus dem Baufachhandel, wird vom Estrich- und Fliesenlegerhandwerk ohne statische Beanspruchung teilweise in ihren Leistungen eingebunden. Die Außenmaße betragen 2,00 m x 1,00 m, der Stababstand beträgt 5 x 5 cm, an den beiden Längsrandzonen jeweils 5 x 0 cm. Dieses Gitter wird häufig im Innenbereich, also zwischen den Volieren und im Schleusendurchgang, eingesetzt. Mitunter lassen sich daraus auch Einfassungen konstruieren

wie der beschriebene Eingewöhnungskorb.

Wellengitter aus Stahldraht in verschiedenen Abmessungen; sehr stabile
Konstruktion, die bei Verwendung die
eigentliche Stahlkonstruktion schwächer ausfallen lässt. Ausführung verzinkt oder gestrichen, Befestigung im
Punktschweißverfahren.

Kunststoffgitter, unverrottbare Bespannung in verschiedenen Farbtönen,
Maschenweiten und Bahnbreiten, im
Fachhandel zu beziehen; wegen der
auffälligen Farbgebung wohl selten eingesetzt.

Netze aus Nylon, leichtgewichtig
und wetterbeständig, im Taubenschlagbau seltener an den Seiten, dafür häufig im Deckenbereich verwendet und
beliebt wegen ihrer vielseitigen Verwendbarkeit; siehe dazu die nähere Be-
schreibung unter „Netzgeflecht".

Befestigung der Bespannungen
mit Schlaufen (Krampen), 4 x 16 mm
und 4 x 20 mm oder mit Holzleisten geschraubt bzw. genagelt. Bespannung
auf Metall mit Leisten aus gleichem
Material oder mit verzinktem Draht bzw.
Kunststoffschnüren in Spiralwicklung
befestigt.

*Die (Eck-)Pfosten sind auf passenden
Pfostenschuhen befestigt. Die Holzkonstruktion ist mit einem Schutzanstrich
zu versehen, der Leerraum zwischen
Metall und Holz sollte gegen Eindringen von Nässe dauerelastisch versie-
gelt werden – sonst ist die Lebensdauer durch Fäulnisbildung gering.*

*Trotz Bedrohung von außen fühlt sich
das Altdeutsche Mövchen sozusagen
mit der Katze im Nacken unbeein-
druckt.*

Netzgeflecht

Nicht jeder Rassetaubenzüchter findet
Gefallen an der klassischen Form einer
Voliere. Vielmehr zäunt er eine größere
Fläche zwei Meter hoch mit Maschendraht ein, lässt den Spatzen Eintritt und sucht
nach einer Lösung, das gesamte Gehege von oben zumindest gegen Greifvögel ab-
zusichern. Hier lassen sich Netze, ein strapazierfähiges Geflecht aus witterungsbe-
ständigem Kunststoff, über etliche Meter spannen. Handelsüblich in Bahnen oder
auch speziell auf Wunsch nach Maß gefertigt, wenn Flächen mit geometrischer

Kletterhindernisse müssen stabil genug sein (Mantel aus Zinkblech oder Hart-PVC), damit sie den Krallen von Katzen und Mardern widerstehen.

Das auskragende Gitter hindert Vierbeiner am Hochklettern.

Figurenähnlichkeit auch höhenunterschiedlich zu schließen sind, lassen sie sich den vielfältigsten Gegebenheiten anpassen.

Soll trotz ihres Leichtgewichtes die geflochtene Decke nicht durchhängen, erweisen sich dünne Stäbe als Stützen sehr nützlich. Wer sich der Spatzen nicht unbedingt erwehren will, Greifvögel und Katzen aber beabsichtigt auszusperren, muss beim Geringerwerden der Maschendurchlässe an den Winter denken. Das Netzgeflecht ist jedenfalls so durchlässig zu wählen, dass Schnee, eventuell unter Bäumen auch Blätter, hindurchfallen können. Hier eine Maßempfehlung zu geben, ist recht schwer; besser ist es, sich beim Lieferanten beraten zu lassen. Selbstverständlich lassen sich solche Netze für Zäune, also senkrecht an Pfosten befestigt, sowohl als Zaun als auch für das Bespannen von Volieren verwenden.

Es ist gut, dass die Technik immer noch Fortschritte macht und für die Kleintierzüchter manchen Vorteil erschließt; so erfreut sich bei der praktizierten Offenfronthaltung in der Rinder- und Schafzucht ein patentiertes Vorspann-Netz ebenso großer Beliebtheit, das bei den Rassegeflügel- und insbesondere bei den Taubenzüchtern nicht nur im sturmreichen Norddeutschland zum Einsatz gelangt. Hierbei handelt es sich um ein Netz mit einer klug ausgelegten Maschenweite, das die Luftzufuhr in ausreichendem Maße wie hindernislos reguliert, nach dem Eintritt sofort verwirbelt und den so gefährlich werdenden Durchzug nicht entstehen lässt. Auch bei enormem Winddruck bleiben die Tiere hinter der durchlöcherten Scheinwand durchaus vor einer Gesundheitsbeeinträchtigung geschützt. Dieses Netz wird sozusagen als Doppellage über die bereits vorhandene Volierenbespannung bzw. über das Ausbruchhindernis gespannt.

Überdachung

Manche Züchter tendieren zunehmend zur teilweisen bis gänzlichen Überdachung ihrer Volieren. Diese Maßnahme rechtfertigen sie damit, fortan keine kranken Tiere mehr im Bestand zu haben – ein Argument, das Nachahmer findet.

Auch für derartige Vorhaben hält die Bauwirtschaft günstige Erzeugnisse parat, die sich bei Mithilfe einer Person in Eigenleistung zweckdienlich montieren lassen. Einbauanleitungen vom Hersteller erleichtern die Montage transparenter Wellplatten aus schlagzähem Acrylglas in Längen von 2,00 bis 6,00 m, 104,5 cm Breite per Einzelstück und einer Dicke von etwa 1,5 mm. Im Preis wesentlich billiger und als Rollenware in Bahnen großflächig am Stück, bewährt sich ein Polyesterwellfabrikat aus Kunststoff mit einer Lichtdurchlässigkeit – je nach Einfärbung – von 85 bis 92 %.

Wellenprofilelemente – sie eignen sich für Wand und Dach – erfüllen denselben Zweck. Sie haben den Vorteil, dass sie bei geringsten Neigungen ab 5 Grad, das sind 9 cm auf einen Meter,

Diese gefällige Schlaganlage befindet sich direkt im Zentrum einer Kleinstadt bei Wilhelm Bauer in Nürtingen-Oberensingen.

Eine zur Hälfte überdachte Voliere. Unter diesem Teil befindet sich die Sandfläche mit Anschluss an den Rasenboden.

zu verwenden sind; die dazu erforderlichen Unterkonstruktionen sind relativ einfach zu errichten. Die Befestigung mit Spezialschrauben bildet den Abschluss der Gesamtleistung.

Ein transparenter Baustoff für Dach und Wand, im Innenbereich als Raumteiler verwendet, sind Hohlkammerpaneele, mit Nut und Feder ausgestattet. In Längen von 200, 250 und 300 u 20 cm Breite und 16 mm Dicke erfüllen sie im Taubenschlagbau mancherlei praktischen Zweck.

Wohl überlegt will das Ableiten des Regen- und Tauwassers sein; Anregungen dazu können der Zeichnung 17 entnommen werden. In ähnlichen Fällen führen Regenrinnen, halbrund oder kastenförmig aus Metall und Kunststoff, das Oberflächenwasser in die gewünschte Richtung zur Ableitungsstelle, nicht selten in die Regentonne zur Weiterverwendung als Gießwasser oder in den Wasserspeicher zum Befüllen der Wassergeflügelteiche.

Ausstattung der Voliere

Im Freiflug gehaltene Tauben bevorzugen für ihren Aufenthalt in der Schlagnähe befindliche Lieblingsplätze wie das Hausdach beim Schlag und dort wiederum Wandvorsprünge oder auch Nischen, die verteidigt werden.

Eine strukturierte Volierenausstattung mit überzähligen Sitzgelegenheiten animiert die Voliereninsassen, diese anzufliegen. Ein vorhandener Türschließer verhindert das Offenstehen dieser Taubenunterkunft.

Volierentauben verhalten sich genauso. 15 % der aktiven Tageszeit verwenden sie für die Gefiederpflege, außerhalb der Brutbetreuung ruhen sie auf nur von ihnen beanspruchten Ruhe- bzw. Sitzplätzen. Zur Wahrung der Harmonie in der beherbergten Taubengesellschaft tut man gut daran, solche Gelegenheit zum Niederlassen in Überzahl anzubieten.

Dass Tauben ohne Freiflug zu Bewegungen durch Anreiz zu animieren sind, versteht sich von selbst, soll die Feder straff und die Muskulatur elastisch bleiben. Parade-, respektive Laufbretter längsseits, mit Abstand zu den Volierenwänden in unterschiedlicher Höhe angebracht, verleiten die Tauben zum Anfliegen und Verweilen. Solche Laufbretter, wegen ihrer geringen schmalen

Längsseite treffender als Stege bezeichnet, sollten 5 cm Breite nicht überschreiten, damit beim Koten die Exkremente seitlich herabfallen können und nicht auf der Gehfläche verbleiben.

Bei der Anordnung der Stege wird man sich auf eine Ebene beschränken können; darunter angebrachte werden kaum aufgesucht, es sei denn, die Schlaganlage ist überbesetzt. Mehrere Sitzstangen dagegen, in einer Höhe ausgerichtet, vergrößern den Bewegungsraum merklich; immerhin verhalten sich die Tauben unter Wahrung der Individualdistanz sehr friedfertig. Bei weniger fluggewandten Rassen haben sich zur Erreichung der Brutzellen und höher befindlichen Sitzgelegenheiten vom Boden aus reichende Gehhilfen durchgesetzt. Weil auch hier Hygiene und Pflegeleichtigkeit nicht zu unterschätzen sind, fällt die Wahl vorzugsweise auf metallene Ausführungen. Das sind, hier zweckentfremdet, Abdeckungen von wasserführenden Betonrinnen, wie sie vor Garagen oder bei Hofentwässerungen eingebaut sind.

Das maßhaltige Anbringen bzw. Verteilen von Einzelsitzen (Zeichnung 30 und 31) in der Voliere erfolgt nach den gleichen Kriterien wie im Schlag, wobei bei Vorhandensein von Laufstegen nur eine höher gelegene Reihe genügt, um die Tiere zum Fliegen anzuregen.

Wo sich unter Aufsicht gelegentlicher Freiflug verwirklichen lässt, gehört auch eine verschließbare Flugöffnung zur Volierenausstattung. Sie sollte für Katzen unerreichbar sein, denn sie gehören zu den schlimmsten Beutegreifern aus der Nachbarschaft. Ihr Sprung- und Klettervermögen dürfen wir nicht unterschätzen, auch nicht ihr Gedächtnis. Wenn sie einmal im Taubenschlag geräubert haben, werden sie immer wieder kommen. Weil sie kaum Spuren hinterlassen, sind wir überrascht, wenn wir sie doch eines Tages bei ihrem Schleichgang erwischen. Es ist eine Unart auch der eigenen Katzen, sich auf den Volieren zu sonnen. Auch wenn wir sie vertreiben, lassen sie in der Regel davon nicht ab. Deshalb kann man sich nur dagegen wehren, indem ähnlich den Weidezäunen ein elektrischer Wehrzaun ringsumlaufend oben im Decken- und Dachbereich der Zuchtanlage unter ständiger Spannung stehend installiert wird.

Ein Sturmschutz an der Westseite aus festem Material wirkt sich immer günstig aus.

Die auf der Zeichnung 15 abgebildete Flugbrettöffnung hat sich beim Verfasser in einer katzenreichen Region ohne jegliche Taubenverluste bewährt. Die Abbildung zeigt eine sehr einfache Konstruktion, die sich selbstredend noch nachträglich anbringen lässt. Bei tiefer angebrachten Ausflügen werden die Verschlüsse von Hand zu bedienen sein; zur Abwehr gegen Katzen und Raubwild können Drahtspitzen um die Öffnung herum, zusätzlich angebracht, das Eindringen verhindern.

Eine heikle Angelegenheit im praktischen Umgang sowohl mit den Tauben als auch bei der vorteilhaften Gestaltung von Volieren sind die Fußböden. Wenngleich sich die Gemüter schon bei der Auswahl bevorzugter Einstreumittel in den Schlägen erhitzen, bilden Volierenuntergründe durchaus keine Ausnahme. Schließlich werden die Böden nur dann über Gebühr strapaziert, wenn die Zuchtanlagen regelrecht überbesetzt sind. Wo saubere Sand- und Rasenflächen den Boden zieren, finden wir die Tauben bei schönem Wetter dort vermehrt beim Sonnenbaden. Sie fühlen sich sichtlich wohl dabei, einer ihrer wichtigsten Komforthandlungen. Freilich bedürfen diese Oberflächen ständiger Pflege: Tiergerechte Haltung verlangt eben fortwährenden Einsatz.

Wer die Sterilität gegenüber allen nur möglichen Gestaltungsmaßnahmen anstrebt, neigt zu festen Untergründen mit einigermaßen glatter Oberfläche und mit Gefälle aus Beton oder ähnlichem Material. Dass hier Bodeneinläufe zum Ableiten des verschmutzten Reinigungswassers – auch des Regenwassers – vorzusehen sind, ist selbstverständlich. Unumgänglich bei diesem Hygieneaufwand sind aufgestelzte Bodengitterroste, die unsere Tiere vom Bodenkontakt fernhalten sollen.

Je nach Ausrichtung und Standort werden Schutzmaßnahmen an der Volierenwand gegen die Windrichtung notwendig. Hierzu bieten sich die gleichen transparenten Materialien an, wie sie bei den Überdachungen eingesetzt werden. Nicht uninteressant sind Schilfmatten, wenn sie in Verbindung mit Grünwuchs gärtnerisch in das Umfeld einbezogen werden sollen.

Zur Erleichterung von Pflegeleistungen sind Türzugänge unerlässlich; wie in den Schlägen selbst, sind Drehflügel- und Schiebetüren angebracht, wo es der Freiraum zulässt oder eingeschränkt ist. Vielerorts genügen auch sogenannte Schlupftüren zum Entfernen oder Einbringen der Austauschmaterialien. Durchlässe sind vorteilhaft, wenn sie in voller Breite die Durchfahrt einer Schubkarre ermöglichen.

Die Voliere als Lebensraum im Freien wird durch eine Bademöglichkeit vervollständigt, wie es die Natur vorsieht. Hier ist auch der richtige Platz, ohne dass Spritzwasser Schaden anrichten bzw. bei Holzböden eher stehende Nässe verursachen könnte. Komfortable Zuchtanlagen sind von der Frischwasserversorgung nicht ausgeschlossen; Installationen mit dafür vorgesehenen Badebehältern, mit einer Brauseeinrichtung und dem Ablauf mit Kanalanschluss, sind heute keine Seltenheit mehr. Auch hier bleibt abzuwägen, an welche Leitung angeschlossen werden muss, sofern bei der nur gelegentlichen Nutzung nicht eine Sickergrube vor

Ort ausreicht. Bei Nichtbenutzung wäre der vorübergehende Deckelverschluss als Schutz vor Verschmutzung angebracht.

Strukturierte Wandflächen sind bei den Tauben besonders beliebt; davon werden sie geradezu magisch angezogen. In Nischen fühlen sie sich – wie ihre Ahnen – sehr wohl, weil dort die Brut in Sicherheit gedeihen kann. Bei dieser Bauweise und in Offenfronteinrichtungen bewährt sich Massivholz am besten.

Volierenüberdachung

Bei geringen Spannweiten – bis etwa 2,00 m – reichen normale Schalbretter (10 cm breit, 24 mm dick) bei senkrechter Stellung aus, um als tragende Sparren die Dachlatten, die Dachhaut und Schnee lastenmäßig aufzunehmen. Größere Spannweiten verlangen entsprechend breitere Unterkonstruktionen in Schalbrettstärke. Die Enden liegen jeweils wandseits auf einem dort befestigten Kantholz (4 x 6 cm) und an der Traufseite auf einer Holzbohle (29 cm breit, 5 cm dick), die auf der Volierenseite bei dieser Konstruktionsweise überstehend zu einem beliebten Sitzplatz für die Tauben wird.

Die mit Brettern ausgekleidete Kastenrinne erhält einen deckenden Anstrich mit Wetterschutzfarbe sowie eine Einlage mit bituminierter Pappe. Pappebahnen werden als ein Meter breite Rollenware mit 10 m Länge geliefert, sodass sie an einem Stück verlegt – mit großköpfigen Pappenägeln befestigt – einfließendes Wasser vom Traufholz fernhalten. Eine Kastenrinne nach Maß gefertigt oder die

Größere Spannweiten erfordern eine entsprechende Unterkonstruktion. Vorgerichtete Bretter (10 x 24 mm) liegen senkrecht auf waagrechten Holzprofilen; auf ihnen werden die Latten für die transparente Wellenprofil-Rollenware befestigt. Die Kastenrinne ist mit Schutzfarbe vorbehandelt; vor Einbringen der regenwasserabführenden Metallrinne erfolgt die Auskleidung mit einer bituminierten Pappe.

TAUBENHALTUNG IN OFFENFRONTSCHLÄGEN

Die Haltung unserer Pfleglinge in offenen Schlägen kommt der Lebensweise der Tauben sehr entgegen. Parallel zum Trend in der Groß- und Nutzviehhaltung lässt sich erkennen, wie nach Vorbildern zu einer dort praktizierten Offenhaltung übergegangen wird. Diese naturnahe Art der Haltung erfreut sich zunehmend an Beliebtheit.

Ein sowohl luftiger als auch heller Offenfrontschlag in Holzbauweise mit Innengitter (5 x 5 cm) zwischen den Abteilen bei Ronald Bube in Limeshain.

Traufe, ausgebildet für halbrunde oder kastenförmige Rinnen vom Fachhandel, leiten alles Wasser ab.

Den Abschluss bildet nach Aufbringen der Lattung (24 x 48 mm) das Verlegen des transparenten Wellenprofils.

Untersicht der Deckenkonstruktion in unbehandeltem Zustand. Trotz durchgehender Auflage wird der Rinnenboden mittels eines Stahlwinkels, der am senkrechten Pfosten eines Laufstegs befestigt ist, unterstützt.

Zur Vorbereitung werden die Höcker nach Werksangabe eingemessen und an der Dachlatte mit Drahtstiften befestigt, darauf diese Dachhaut – wenn es Rollenware ist – ausgerollt, an den Fixpunkten vorgebohrt und schließlich mit Spezialschrauben – versehen mit einer gummiartigen Dichtung und passendem Hutprofil – an der Unterkonstruktion verschraubt. Ein winkelförmiges Brett mit hinterlegtem Dachpappestreifen an der Wandseite dichtet den Anschluss gegen Schlagregen ab.

Fertigen eines Rahmens

Zur Fertigung von kleinen Rahmen oder untergeordneten Flügeltüren verwenden wir Maßeinheiten im Dachlattenquerschnitt (24 x 48 mm) bzw. bei geringer Abweichung darunter oder je nach Beanspruchung darüber. Die Schenkel werden aufgeschnitten oder an den Enden stirnseitig zur jeweils halben Überblattung bzw. im Klebeverfahren auf Gehrung gesägt, mit einem Tischlerleim und zusätzlich – damit das Stirnholz nicht splittert – mit gestauchten Nägeln, besser mit Holz- oder Spaxschrauben zum Zusammenpressen unter Zuhilfenahme von Schraubzwingen oder eines Rahmenspanners miteinander verbunden. Offene Fugen können mit Holzkitt geschlossen werden. Nach der Leimfestigung werden die Eckverbindungen mit Sandpapier nochmals egalisiert. Danach erhält das Holzwerk zumindest auf der Drahtseite seinen Anstrich. Das verwendete Geflecht, der sogenannte

Die Schenkel werden an den Stirnseiten halbseitig zur Überblattung aufgeschnitten.

Die Schenkel können zur Überblattung auch halbseitig auf Gehrung gesägt werden.

Kaninchenstalldraht, muss im Gegensatz zum Punktschweißgitter mittels Schraub-zwingen und/oder nur mit Drahtstiften gespannt werden. Die Befestigung erfolgt mit Schlaufen (Krampen). Präzise Holzschnitte erreicht man bei der Bearbeitung mit der Tischkreis- bzw. einer Kappsäge, die, auf Gehrung eingestellt, die Verbindungen an den Ecken die Handsägenqualität bei Weitem übertrifft. Wer ganz sicher verfahren will, stabilisiert diese Vierecke zusätzlich mit aufschraubbaren Metallwinkeln.

Der Eingewöhnungskorb

Will ein Züchter seinen Tauben Freiflug gewähren, muss er bei der Anschaffung die Tauben eingewöhnen. Immerhin haben sie das Bedürfnis zu fliegen und nichts als zu fliegen, wenn es flugfreudige Tümmler sind, auch wieder zurück in den Schlag, versteht sich, sofern ihre Orientierung noch intakt ist. Falls sie irritiert durch die neue Umgebung sind, sollten sie sich zu Beginn ihrer ersten Ausflüge nicht verfliegen.

Wegen ihrer bewundernswerten Merkfähigkeit und der ausgeprägten Ortstreue kann jede Taube sesshaft gemacht werden, eben durch Eingewöhnen. Mit ihrem Einzug in die neue Wohnstatt geben wir den Tauben die Gelegenheit, ihre ungewohnte Umgebung und den künftigen Freiluft-Lebensraum zunächst aus einer begrenzten Perspektive in Augenschein nehmen zu können. Hierfür dient ein Eingewöhnungskorb vor dem Ausflug – nicht ungewöhnlich groß, nur eben so, dass die Schlaginsassen ihre Neugier zum Umfeld befriedigen und dort kurzweilig – sie tun das gern liegend – verharren und sich sonnen können. Diese Vorrichtung kann später wieder entfernt werden oder verbleiben. Funktionsgerecht fixiert, ersetzt sie mit ihrem Komfort einer Kleinvoliere den üblichen Schieberverschluss am Flugloch.

Ein vielseitig verwendbarer, hierfür geradezu geschaffener Werkstoff zur Fertigung eines solchen Korbes ist das an anderer Stelle beschriebene Punktschweißgitter. Die Herstellung geht mit geringem Aufwand und ebenso wenigen Handgriffen recht einfach vonstatten. Wie dokumentiert, reichen eine

Die Gittermatte wird auf einer ebenen Fläche vorbereitet.

Und so wird die Gittermatte mittels Latte und Schraubzwingen eingespannt und abgekantet.

Entsprechend der bereits abgekanteten Korbhöhe werden die Stäbe durchgezwickt.

Die dadurch entstandenen Seitenfelder werden ein- bzw. aufgebogen und danach mit einem verzinkten Bindedraht miteinander verbunden.

Kleinvoliere aus Metall mit Verschluss zum Eingewöhnen von Tauben. Das Öffnen oder Verschließen zu bestimmten Zeiten erfolgt mittels eines Schnurzugs.

stabile Unterlage zum Auflegen der Drahtmatte und als Werkzeuge zwei Schraub-zwingen und eine Beißzange. Mittels eines Brettes oder einer Latte beschweren wir die gewünschte Korbkante und biegen die Gitterstäbe jeweils in die vorgesehene Richtung. Das metallene Material ist stabil genug und verformbar, sodass die ein-zelnen Stäbe sich exakt winkelrecht richten lassen und somit dem Korbgebilde ein tadelloses Aussehen verleihen. Mit zwei Ösen und einem umlaufenden Holzrah-men wird der Korb an der Ausflugwand, dem Hausgrund, mit Scharnieren befestigt. Mittels Schnurzug über Lenkrollen lässt er sich dann öffnen und schließen.

Der Dachschlag

Während beim neu zu bauenden Gartenschlag unter Berücksichtigung der Ausstat-tungsbedürfnisse geplant wird, werden im Falle eines Dachausbaues die Einrich-tungen zwangsläufig nur in Anpassung an die örtlichen Gegebenheiten ausfallen können. Je nach Raumangebot richtet sich schließlich das Kontingent der zu beher-bergenden Tauben: mehr oder eben weniger Zuchtpaare.

Ein Dachgeschossausbau kann gleichermaßen mit modernen Wohnmobilen verglichen werden, die mit ihrem Komfort von wesentlich geringerer Fläche gleich-

Rassetaubenschlag unter dem Dach (Spitzboden) eines typischen Stallgebäudes einer Gemeinschaftszuchtanlage, außen mit Anschluss an eine geräumige Boden- voliere. Die Sparrenuntersicht ist im Nistzellenbereich mit Holz verschalt. Die Nist- zellen sind aus Massivholz gefertigt, die Böden sind ausziehbar und daher gut zu reinigen. In halber Höhe der einzelnen Zellen sind Auflagen für Zwischenböden der folgenden Brut vorgesehen. Die Vorsatzgitter werden nach innen hochgeklappt.

viel Wohlbefinden bieten. Es kommt also darauf an, keinen Zentimeter zu ver- schenken, sondern ihn räumlich sinnvoll auszunutzen. Manche gute Idee lässt sich besonders dort in den Winkeln der Enge verwirklichen und ergibt sich aus den kon- struktiven und baulichen Verhältnissen. Lösungsmöglichkeiten erfährt man durch Anregungen bei Schlagbesuchen anderer Zuchtfreunde.

In vielen solcher Bauwerksidyllen blüht sowohl die Reise- als auch Rassetau- benzucht in zufriedenstellender bis vorzüglicher Weise; viele Taubenliebhaber betreiben dort die Zucht sogar mit großen Erfolgen: ein Ansporn, solche Verliese also für die Taubenhaltung zugänglich zu machen, wie es früher üblich war. In den Städten wird es beschwerlich sein, den Hausbesitzer um Zustimmung zu bitten, es sei denn, er beabsichtigt dieses angenehme Abenteuer selbst. Der Trend zu Flach- dächern bietet der historischen Rassetaubenzucht ohnehin kaum noch Chancen.

Gehen wir davon aus, dass ein Dachboden auf der Gehfläche aus einer Beton- decke oder hölzernen Bodenlage sowie dem aufgeschlagenen Dachgebälk samt der Lattung und Ziegeleindeckung besteht. Dächer in Höhenlagen der Mittelgebir-

Ein Dachschlag mit frei stehenden Nistzellenblöcken für Perückontauben. Bemerkenswert sind die integrierten Lichtausschnitte in der rechten Dachfläche.

ge sind unter der Ziegelfläche – auf den Sparren, das ist die tragende, stehende Holzkonstruktion, der Dachstuhl – zusätzlich mit Brettern oder Spanplatten verschalt. Bei den meist älteren Gebäuden, die einen Taubenschlag aufnehmen sollen, fehlt dieser Wind- und Flugschneeschutz.

Auf eine künftige Verschalung der Ziegelunterseite (Zeichnung 20 und 21) sollte jedoch nicht verzichtet werden, vor allem wegen der wichtigen Schädlingsbekämpfung, weil die Minimierung der Hohlräume, Spalten und Ritzen den Aufenthalt des Ungeziefers in größerem Maße vermeiden und eine glatte Oberfläche die Desinfektion vereinfachen lässt. Freilich, es muss jedem überlassen bleiben, sich für einen derartigen Aufwand zu entscheiden. Immerhin schwören die Frischluftfanatiker auf das Beibehalten der ursprünglichen Gegebenheiten, auch wenn sommers der Hitzestau in nicht gedämmten Schlägen enorm hoch ist.

Die technischen Ausbaudetails hierzu sind den Zeichnungen zu diesem Thema zu entnehmen, wobei die Materialwahl und deren Qualität dem Regionalangebot im jeweiligen Baubedarfshandel anzupassen ist. Die Entscheidung wird hier ohnehin auf Holz oder Gipskarton fallen, während die immer noch im Handel befindlichen Leichtbauplatten (Heraklith) einen Verputz verlangen, wenn eine glatte Fläche erreicht werden soll.

Taubenschläge in Wohngebäuden treffen nicht immer auf jedermanns Vorliebe. Zu erwartende Geruchsbelästigungen sind nicht auszuschließen, besonders dann nicht, wenn mit der Sauberkeit nachlässig umgegangen wird. Die Reinlichkeit der Taubenschläge ist dann erfüllt, wenn es „nicht nach Taube riecht".

Der Baufachhandel bietet vielerlei Möglichkeiten aus dem modernen Wohnungsbau, die für unsere Zwecke Verwendung finden können. Hier sei beispielsweise an Dachflächenfenster gedacht, die in mehreren Größen viel Licht und bei günstiger Gebäudestellung sogar der Sonne Einlass gewähren und ganz abgesehen von der Frischluftzufuhr für ein ausgewogenes Raumklima während des Sommers bei großer Hitze sehr dienlich sind.

Weil die Fensteröffnung an der Dachschräge auf der Raumseite mit einem Gitter bespannt wird, damit die Tauben nicht entweichen können oder sich an einen weiteren Durchlass gewöhnen, achten wir bei der Wahl des Fensters darauf, wie es angeschlagen ist. Wenn der Flügel am oberen Blendrahmen gelenkig ist, wird er weit zu öffnen sein; befindet sich die Drehfunktion etwa rahmenmittig, schwenkt der Flügel, je nach Dachaufbau, teilweise in den Raum hinein. Von Nachteil ist diese Ausführung dennoch nicht, weil mit entsprechender Flügelstellung auch bei stärkerem Wind der Eintritt von Regenwasser weitestgehend vermieden wird.

Kleinere Fensterformate, nur vier und sechs Ziegel groß und größer, in Form eines Dachausstieges mit verzinkter Blechrahmung, einfach oder isolierverglast, sind ferner günstige Tageslichtquellen, ebenso Glasziegel, die der Fachhandel auch hier für alle Ziegelfabrikate und deren vielfältige Formen anbietet. Jedes dieser Angebote lässt sich überall dort in die Dachfläche integrieren, wo sie am günstigsten positioniert sind.

Zur Vermeidung der womöglich bis in den Wohnbereich dringenden Gerüche wäre die Einrichtung eines verschließbaren Vorraumes anzuraten, in dem auch zum Schutz vor typischen Verschmutzungen Arbeitskittel und Überschuhe aufbewahrt sind, ebenso Utensilien wie Reinigungsgeräte und dergleichen. Eine Abschwächung aufdringlicher Gerüche gelingt mit handelsüblichen Sprays – aber so weit darf es erst gar nicht kommen.

Hausschläge eignen sich am ehesten für frei fliegende Tümmlerrassen. Der Aufbau von Dachvolieren gestaltet sich teilweise nicht unproblematisch; auf Flachdächern, bis auf die zu sichernde Dachhaut, weniger schwierig. Aus- und Einflüge bieten Sporttaubenhäuser in zahlreichen Varianten mit Regenschutz und – teilweise entsprechend mit einer Dämmerungsschaltung versehen – mit einem Verschluss passend für jede Dachneigung bei Sattel- und Walmdächern formgerecht für die auf dem Markt befindlichen Dachziegelfabrikate an.

Eine geräumige Volierenanlage aus Metall für Polnische Langschnäblige und Dänische Tümmler auf einem Garagendach bei Robert Steiger in Nagold-Gündringen.

Die Dachvoliere

Die Taubenzucht ohne Freiflug nur in Dachschlägen zu betreiben, muss kein Hindernis sein, um die Zuchtanlage auf Volierenaufenthalt für die Tauben auszudehnen. Dass ein solcher Aufbau der Zustimmung durch die örtliche Baubehörde bedarf, ist eine der eigenen Sicherheit dienende Vorsichtsmaßnahme. Ein späterer Einspruch, schlechterdings mit Ablehnung und Demontage als Folge, wäre – schade um diese Investitionen – für die Fortsetzung der Taubenhaltung geradezu demotivierend.

Volieren auf Dächern fallen bewusst ins Auge, weil sie eine Art Krone darstellen. Im direkten Blickpunkt stehend, müssen sie jedenfalls zum Schmuckstück heranreifen, damit alle daran eine Freude empfinden können. Stets in exponierter Lage befindlich, sind sie jedem Wetter, insbesondere starken Winden und Stürmen, ausgesetzt. Schlanke Profile – die Angriffsfläche mindernd und das Sturmschadenrisiko herabsetzend – aus Leichtmetall sind auch aufgrund ihrer Haltbarkeit einzusetzen. Dank des Wagemutes und der Bastelfreude vieler Zuchtfreunde unter uns basieren derzeitige Kenntnisse auf diesem Erfahrungsschatz, sodass sich daraus

Hier sieht man eine aufgestelzte Voliere aus drahtbespannten Holzrahmenteilen an einem Dachschlag für Kingtauben bei Harry Heiß in Otzberg.

Ein Blick auf die Unterseite der aufgestelzten Voliere. Der Boden besteht aus stabilen PVC-Gitterelementen auf Stahlwinkelprofilen befestigt. Zur Begehbarkeit war es notwendig, sie mit auf dem Gebäudedach stehenden Stützen zu stabilisieren.

ein professionell durchdachtes Gegenstück im Angebot eines Herstellers dieser Branche befindet.

Man kann sich sehr gut auch zum Eigenbau entschließen, wenn das nötige Handwerksgeschick vorhanden ist, um mit Metall- und Dachdeckungsarbeiten umgehen zu können, wobei orkansichere Verankerungen der Grundkonstruktion am Dachgebälk am schwierigsten anzubringen sind. Hauptsächlich gilt es, die Regen- und Schneedichtigkeit der Dachhaut nicht zu gefährden. Hier muss man sich der Hilfsmittel des Dachdeckerhandwerkes und des Antennenbaus bedienen, die auf ideale Weise das Eindringen von Feuchtigkeit verhindern; auch gewährleisten Formziegel aus Metall für Fußpunkte eine günstige Ausgangsposition, um das Bauvorhaben zu ermöglichen. Genauso lassen sich Schneefanggitterhalterungen und Dachhaken für die notwendig werdenden Zwecke umfunktionieren.

Weil anstehende Pflegearbeiten schon im Voraus durch die aufwändige Erreichbarkeit mit Gerüsten oder nicht immer sicher stehenden Leitern in solchen Höhen beschwerlich sind, wird sich der Wunsch nach kaum verrottbarem Material als zwingende und auch wirtschaftliche Notwendigkeit erweisen. Zur Durchlässigkeit von Regen und Tauwasser kommt am Boden eine metallene Gitterrostkonstruktion in stabiler, begehbarer Ausführung zum Einsatz, die auch den Kot hindurchlässt. In einer solchen Situation ist zu erwägen, ob in Gebieten mit kanalisierendem Trennsystem der Regenwasserstrang in die Schmutzwasserentsorgung eingeleitet werden muss. Längeres Verbleiben des Kotes in der Dachrinne bei anhaltender Trockenheit wird den Taubenhalter verpflichten, per Wasserschlauch für eine zusätzliche Spülung zu sorgen. Je nach Materialwahl wird die Einbeziehung der Dachvoliere in die Blitzschutzanlage nicht zu vermeiden sein.

Integrierter Ausflug an der Voliere für den Freiflug (Karlheinz Sollfrank, Nürnberg).

Taubenkobel – Taubenhäuser

Weil das Interesse an Taubenhäusern im Garten beim Eigenheim sehr groß ist, sollen hier die Anregungen zum Bau eines Taubenkobels nicht fehlen. Es scheint sogar eine Renaissance dieser attraktiven Häuschen en miniature zu geben; denn leider viel zu selten mit Tauben bevölkert, treffen wir hierzulande an idyllischen Stellen sehr häufig auf sie. Mittlerweile haben Baumärkte kaum außergewöhnliche Formen in ihrem Angebot, dafür preisgünstig und einigermaßen praktikabel. Eigenwillige Konstruktionen konkurrieren umso mehr um die Gunst der Interessenten, auch wenn sich diese Gebilde, so ansehnlich sie sich darstellen, für die Rassezucht nicht eignen.

Die vorzurichtende Plattform zur Aufnahme der Konstruktion sowie die Dimensionierung des tragenden Pfeilers, Pfahles oder wie man das stehende Element auch zu nennen beabsichtigt, ist in jedem Fall baustatisch mit einem Fachmann abzustimmen. Das Gewicht des Bauelementes, die Stempelhöhe wie auch der Winddruck sind hier regional zu berücksichtigen.

Ein mit Startauben belebter Tauben-kobel – ein werbewirksames Schmuck-element in den Außenanlagen des Bruno-Dürigen-Institutes. Um Vierbeiner vom Hochklettern abzuhalten, wurde ein Teil des Stempels mit Blech ummantelt.

Ein in Warschau entdeckter Taubenkobel mit kleinen Vorbauten. Er besteht komplett aus Holzteilen, die einer regelmäßigen Pflege mit farbigen Schutzanstrichen bedürfen.

Kleiner Holzschlag für Flugtauben. In geschlossenem Zustand sorgen zwei Fensteröffnungen in den Türflügeln für Helligkeit im Innern.

Flugschlag für Englische Flugtippler auf einem winkelförmigen Balkon.

Flugtaubendisziplinen und ihre Schläge

Die Züchter von Flugtauben können sich auf sehr kleine Taubenschläge beschränken, weil ihre Tiere den Freiflug genießen und mit dem Ausleben dieses Bedürfnisses den Organismus fordern, sodass sie bei angemessener Versorgung kaum Ansprüche an den Herbergekomfort stellen. Die Kleinheit solcher Schläge – gelegentlich nur mit schrankähnlichen Ausmaßen – wird notwendig, um die angestrebte Vertrautheit zwischen Pfleger und Tauben zu gewinnen, den persönlichen Kontakt herstellen zu können und allernächste Nähe herbeizuführen.

Flugtippler-Schlag

Nach dem Motto: „Platz ist in der kleinsten Hütte" verwirklichen die als geborene Taubenzüchter auf die Welt gekommenen Sympathisanten dieser Passion in den entlegensten Gegenden aller Herren Länder der Erde diese Art der Taubenhaltung. Sogar in Mitteleuropa, im 8. Stock eines Wohnhauses, bei Basel in der Schweiz, auf einem Balkon.

Das Foto zeigt den Flugschlag auf einem winkelförmigen Balkon, von dem aus Englische Flugtippler geflogen werden. Der Schlag ist 2,10 m lang, 70 cm breit und 65 cm hoch; vier bis sechs Tippler sind dort bei regelmäßigen Wettflügen im Einsatz.

Solche Minischläge sind Beweis für Erfindergeist. Die schlichte Holzkonstruktion, hinter einer Glaswand gegen Zugluft geschützt, lässt sich unterteilen

– auf der rechten Seite befindet sich der Ausflug. Das Drahtgeflecht am Boden verhindert den Kontakt mit dem Kot. Hygiene ist hier wegen möglicher Geruchsbelästigungen besonders angebracht, sollen die Nachbarn ob dieser illustren Einrichtung bei Laune gehalten werden. Das verwendete Holz ist in gehobelter Qualität und mit einem Bootslack behandelt.

Großräumige Nistzellenanlage für Triganino Modeneser Gazzi (von Helmut und Andreas Bechstein, Grafschaft bei Meckenheim). Die Holzeinbauten bestehen aus Spanplatten in entsprechender Stärke.

Innenausstattung

Bei Altbausanierung in einem Nebengebäude oder einem Ausbau im Dachgeschoss wird vornehmlich Holz zum Einsatz kommen, wie auch in neuen Gartenschlägen die Trennwände aus diesem Material erstellt werden.

Bauholz für Tischlerarbeiten, das heißt für Zwecke des Innenausbaues überhaupt, sind Baufurnierplatten aus Sperrholz, mehrschichtige Bau-Tischlerplatten und Spanplatten sowie auch das übliche Bauholz von Nadelbäumen in gehobelter Ausführung. Hinzu kommt noch das Leimholz in verschiedenen Dicken. In Verbindung mit verstärkenden Holzrahmenkonstruktionen kann der gesamte Rohbauinnenraum in kleinere Abteile aufgeteilt werden.

Die Varianten sind hier so vielgestaltig, wie es Zuchten gibt und einige Beispiele in diesem Buch zeigen. Je nach Raumsituation und den vorhandenen Verkehrsflächen wird sich praktisch ergeben, ob Drehflügeltüren oder Schiebetürelemente eher ihren Zweck erfüllen. Und der Züchter selbst wird entscheiden, ob er die Zwischenwände vollflächig geschlossen mit Holz, mit einfachem Fenster-, strukturiertem Ornament- oder Drahtglas, wiederum mit transparentem Kunststoff oder einer

Sehr eigenwillige Nistzellengestaltung für Bernhardiner Schecken (von Franz Liebel, Engelthal). Diese Verwendung von beschichteten Spanplatten ist nur dort zu empfehlen, wo in den Schlägen ausgeglichene, trockene Raumverhältnisse herrschen.

Gitterfüllung gestaltet. Vor- und Nachteile, sofern sie unangenehme Folgen mit sich bringen, halten sich deshalb die Waage, weil sie jeweils kurzfristig und ohne großen Aufwand veränderlich sind. Gerade, weil sich diese unkomplizierten Konstruktionen beliebig versetzen oder auch nur zeitweise demontieren lassen, finden sie Gefallen. An Stelle von Holzschraubenfixierungen (Zeichnung 25) kommen Verbindungen mit Maschinenschrauben und Flügelmuttern bei gelegentlichen Ein- und Ausbauten sehr gelegen.

Oft scheiden sich beim Austausch von Erfahrungen in punkto Fußboden die Geister. Einerseits werden pflegeleichte Oberflächen verlangt und andererseits der Beschaffenheit keinerlei Bedeutung beigemessen, weil die Befragten immer noch auf der Suche nach einer geeigneten Bodeneinstreu sind.

Erwiesen ist, dass der aggressive Taubenkot auch in Zementestrichen seine gravierenden und obendrein durch den Einsatz metallischer Reinigungsgeräte wie Schaber und Spachtel nicht vermeidbaren Spuren hinterlässt.

Blick in einen Zuchtschlag mit verschlossenen Sitzregalen (von Ralf Schmid, Langenbeutingen). Nach Ende der Jungenaufzucht, wenn während der Geschlechtertrennung dort die Täuber untergebracht sind, werden die leichten, mit einer Grundierung eingelassenen Holztafeln aus Tischlerplatten wieder entfernt.

Eine möglichst fugenlose Bodenfläche wird nur an den Stößen, möglichst durch Nut und Feder ineinandergefügt, mit großen Tafeln/Platten aus Holz zu erzielen sein.

Andere Beläge wie Holzdielen mit parallelen Stößen, die sich im Laufe der Zeit des Trocknens und Älterwerdens immer weiter auftun, erschweren das Reinigen ungemein, ganz zu schweigen vom Desinfektionsaufwand oder dem Herauspulen des Kotes und der Futterreste aus den Zwischenräumen.

PVC-Bahnen, die einen ebenen Untergrund voraussetzen, werden der Beschaffenheit aus Kunststoff wegen kaum in Betracht gezogen, denn oft genug führen Bodenbeläge dieser Art zu ungünstigen raumklimatischen Verhältnissen.

Hingegen haben sich Großflächentafeln bewährt, die im Baugewerbe zum Einschalen von Betonkörpern verwendet werden. Ihre Oberfläche ist besonders stra-

Eine raumbreite und raumhohe Nistzellenanlage (von Zdzislaw Borawski, Mela-
nowek bei Warschau). Die Grundelemente und vorderen Schiebelemente sind aus
Tischlerplatten gefertigt und gestrichen, die sichtbaren Kanten mit einer Massiv-
holzleiste eingefasst.

pazierfähig und gegenüber Kot und Gerätschaften unempfindlich. Dieses Material
bleibt trotz der glatten Oberfläche einigermaßen atmungsaktiv und Wasser abwei-
send. Die Stöße müssen verleimt werden, Nut und Feder sind nicht vorgesehen.

Nach wie vor sind Rohspanplatten ein beliebter Baustoff. Je nach Dicke und Her-
stellungsverfahren sind sie baubiologisch unbedenklich wie gewachsenes Holz und
geeignet für tragende und aussteifende Zwecke. In wenigen Ausnahmen nur werden sie nicht empfohlen, für den Innenausbau jedoch sind sie geradezu favorisiert.
Wir werden sie als Wand- und Deckenverkleidung einsetzen, daraus Nistzellen und
Sitzregale fertigen und vor allem im Fußbodenbereich verlegen. Nach der Chemi-
kalienverbots-Verordnung verlangen wir ausdrücklich ein formaldehydfreies Fabrikat mit passgenauem Nut- und Federprofil.

Über den speziellen Einsatz von Dünn- und Feinspanplatten, unbehandelten
Spanplatten, schwer entflammbarer Qualität sowie Verlegeplatten mit den Hinweisen
V20 und V100 auf feuchtigkeitsbeständige Güte mit Zusätzen gegen Pilzbefall und
ähnlichen Merkmalen lassen wir uns vom einschlägigen Fachhandel beraten. Die
Plattendicken reichen von 8 bis 38 mm bei einem Quadratmetergewicht von 23 kg.

Die Fertiggrößen belaufen sich handelsüblich auf 2040 x 605 und 2040 x 915 mm; das Gewerbe verarbeitet Großformate bis zu 10 Quadratmetern. Baumärkte geben davon auch Schnittware nach beliebigen Maßwünschen ab.

Eine Materialalternative zur vorgenannten Feinspanplattenqualität sind Grobspan- bzw. OSB-Platten. In mehreren Schichten aus groben Holzspänen gepresst verleimt, besitzen sie keine außergewöhnliche Oberflächenbeschichtung. Sie sind stabil und belastbar, deshalb werden sie im konventionellen Innenausbau sehr häufig eingesetzt. Trotz ihrer vielseitigen Verwendbarkeit sollte es vom Fachhändler eine Eignungsempfehlung geben. Verfügbar sind sie in Plattendicken ab 12 mm aufwärts; ab 22 mm werden die Stoßkanten mit Nut und Feder angeboten. Formatgrößen bis annähernd 6,00 Quadratmeter gehören zum Fertigungsprogramm.

Hölzerne Bodenflächen benötigen eine handwerklich vorbereitete Unterkonstruktion, soll sie im Endstadium eben sein. Zu berücksichtigen sind hierbei die örtlichen Gegebenheiten, die sich auf die konstruktive Fortsetzung auswirken, noch dazu, wenn der Ausbau in bestehenden Gebäudeteilen erfolgt.

Über Massivdecken werden Feuchtesperren, sogenannte Dampfbremsen, immer erforderlich, egal, ob sie frisch betoniert oder uralt sind. Hier sind Polyethylenfolien in einer Dicke von mindestens 0,2 mm am besten geeignet, die an den Wänden weit genug hochgezogen

Handwerklich hochfeiner Nistzellenblock, wie er am häufigsten in der Brieftaubenszene zu finden ist (Fabrikat Kirschstein), zum größten Teil in Massivholzausführung mit Metallbeschlägen. Der Boden ist teilweise mit Gitterrost abgedeckt. Jeder Frontverschluss lässt sich einzeln öffnen und einschwenken; die gelochte Sichtblende kann bei Bedarf nach oben bzw. unten verschoben werden. Im unteren Bereich befinden sich Behälter für Mineralien.

An Stelle von üblichen Sitzen in gleicher Höhe angebrachte Sitzstangen. Auch bei dieser Sitzordnung werden die Tauben ihre Individualdistanz für sich in Anspruch nehmen. Überbesetzung würde auch hier zu Stresssituationen führen (M. Witzig, Esslingen).

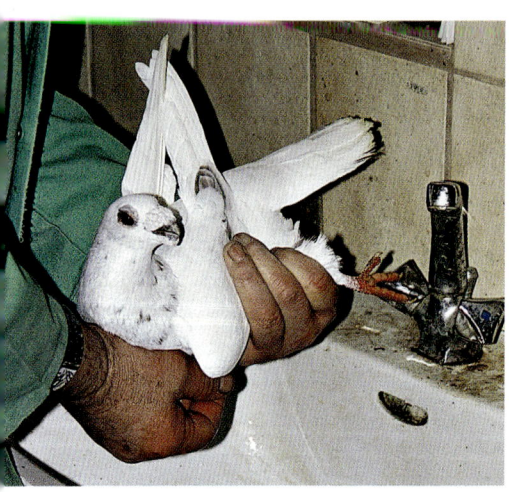

Wo es sich verwirklichen lässt, ist ein Wasseranschluss sehr zu empfehlen.

werden, damit aus dem angrenzenden Baukörper keine Feuchtigkeit in den hölzernen Bodenaufbau dringen kann.

Dringend zu beachten ist zur Vermeidung von Durchfeuchtungen – Dampfentwicklungen von oben und unten –, dass über Holzbalkendecken und alten Holzböden keine Feuchtesperren eingebaut werden dürfen. Für den Taubenzüchter heißt das, unter Badegefäßen zeitweise einen Wasserschutz auszulegen oder gleich Badewannen mit Spritzschutz aus dem Fachhandel bereitzustellen.

Wir gehen davon aus, dass die Spanverlegeplatten am Boden in einem Abstand zur Wand von 1,5 cm als Dehnfuge verlegt werden. Bei vorhandener Dielung kann eine Unterkonstruktion entfallen. In allen Fällen erfolgt die Befestigung mit Spaxschrauben, der Leim wird an den Fugenflanken der Federseite aufgetragen. Im Übrigen richtet sich die Bodenplattenstärke (mindestens 22 mm) nach dem Abstand der mit dem Untergrund verschraubten Rahmenhölzer-Unterkonstruktion.

Bei allen hier aufgezeigten Vergleichen entschließen sich zunehmend doch etliche Züchter für den Einbau von Bodengitterrosten: in schwerer, begehbarer Ausführung in verzinktem Stahl auf angemessener Unterkonstruktion liegend oder bestehend aus Kunststoff, auf Stelzen ruhend. Absicht ist, den Tauben jeglichen Kontakt mit dem Kot oder gar die Aufnahme der aus dem Futtertrog gefallenen Körner zu verwehren – eine Hygienemaßnahme, die andere Züchter durch tägliches Schlagputzen oder durch Futtertrogauffangrinnen zu vermeiden wissen.

Fraglich erscheint die Bodengestaltung bei Offenfrontanlagen. Hier haben sich sowohl betonierte Flächen im Nistzellenbereich bewährt als auch Sandauffüllungen dort, wo sich die Tauben aufhalten. Weil die Zuchtanlage in den meisten Fällen vollkommen überdacht ist, lassen sich auch hölzerne Varianten gestalten.

Fenster und Türen

Beide Verschlüsse bereiten weder bei der Beschaffung noch beim Einbau irgendwelche Schwierigkeiten. Die Baumärkte halten zu erschwinglichen Preisen alle gängigen Größen und Typen parat, sogar in den üblichen Materialien: Holz, Kunststoff, Leichtmetall und schließlich in Stahl für Heiz- und Tankräume vorgesehen, die schwer aufbrechbar und für diebstahlgefährdete Gegenden zu empfehlen sind. Die ausgesparten Lichtausschnitte in Türblättern können – wenn sie es nicht schon sind – mit transparentem Kunststoff-, Isolier-, Draht-, Ornament- oder einfachem Fensterglas ausgefüllt werden.

Unterscheiden werden sich die Beschläge: Bei den Türen – die Drehflügel – sind es leichtere und schwere, einfach zu bedienen und anzuschlagen. Schiebetürbeschläge richten sich in ihrer Ausführung nach dem Gewicht des Türblattes; die Rollen, oben am Blatt befestigt, laufen auf einer am Baukörper befestigten Laufschiene. Ähnlich ist es bei den Fensterelementen, an die wir für unsere Zwecke einige Anforderungen mehr stellen. Ob ein-, zwei- oder mehrflügelig, sollten sich die Flügel drehen, kippen und aushängen lassen. Funktionen, die an normalen Fenstern des Wohnungsbaues gang und gäbe sind – nur sollte man sich beim Kauf oder bei der Beauftragung vor der Fertigung darüber verständigen. Sogenannte Einhandbeschläge machen es möglich, nur durch Handbedienung, je nach Stellung des Griffs, den Flügel zu drehen oder zu kippen.

Fenster und Türen werden wir nicht selbst fertigen können; einfacher ist die Herstellung der Verschlüsse im Innern, wo es um reine Trennungen der Abteilungen

Licht, Luft und Sonnenschein gehören in jeden Raum hinein – vor allem in Vogelbehausungen. Die großen Wandöffnungen sind während der Zuchtsaison mit einem mit Gittergewebe bespannten Rahmen verschlossen. Verglaste Fenster bieten nach Rücktausch einen optimalen Lichteinfall.

Eine hervorragende Lösung : Gartenschlag mit Drehflügeltür und einem Kipp-flügelfenster. Neben der Verschlusssicherheit sorgt bei günstiger Witterung ein zweiter, mit Draht bespannter Türflügel für den notwendigen Luftaustausch.

geht. Die ohnehin nicht großen Öffnungen lassen sich ganz einfach mit Holzrahmen und mit den bereits beschriebenen Transparenzmaterialien ausfüllen. Ein praktikables Beispiel sind Türblätter, angefertigt aus einer zugeschnittenen Spanplatte (Zeichnung 25) mit kleinerem oder größerem Glasausschnitt, die voll und ganz ihren Zweck erfüllen. Mit einem Klebeband versehen – wie es bei undichten Fenstern im Haushalt zum Einsatz kommt – lässt sich sogar der Staubdurchlass am Anschlag einigermaßen verhindern.

Moderne Fenster sind übliche Einfachkonstruktionen mit Isolierverglasung – auf Wunsch auch nur einfach verglast; die Rahmendicke beläuft sich auf 65 mm. Eine Variante sind Verbundfensterelemente – im Volksmund Doppelfenster genannt –, das sind zwei miteinander beweglich verbundene Rahmen mit jeweils einer Verglasung. Diese Konstruktion vereinfacht zwischen den beiden Teilen den Einbau einer Jalousie zum Verdunkeln oder verhindert im Hochsommer den Einlass der heizenden Sonnenstrahlen. Besonders in der Brieftaubenszene bedient man sich dieser technischen Finesse nicht selten, wohl auch deshalb, um die Reisetauben mit der räumlichen Atmosphäre im Kabinentransporter vertraut zu machen. Die Fensterflügel mit dem Vierkantschlüssel zu bewegen hat den Vorteil, dass die Tauben den Griff nicht mit einer Sitzgelegenheit verwechseln.

Lichtkuppeln bringen Tageslicht von oben in tiefe Taubenschläge, in Dachschlägen sorgen Dachflächenfenster und andere lichtdurchlässige Elemente für die notwendige Helligkeit. Kuppeln und Fenster lassen sich sowohl manuell als auch mit elektrisch betriebenen Stellmotoren öffnen und schließen, auch beliebige Öffnungsweiten kann man damit regulieren. Der Einbau verlangt spezielle Fertigkeiten; von Selbstversuchen muss abgeraten werden.

Elektroinstallation und Beleuchtung

An zentraler Stelle – bei einer größeren Zuchtanlage im Vor- oder Wirtschaftsraum – wird im Hauptverteiler (HVT) das Elektro-Erdkabel enden und von dort aus werden die einzelnen Leitungen zu den Abnahmestellen verlegt (Zeichnung 8). Sämtliche Elektroinstallationen unterliegen in Deutschland den streng gehandhabten VDE-Vorschriften. Wegen der Gefahren, die davon ausgehen können, wenn Unkundige ihre Risikobereitschaft beweisen wollen und sich solcher Installationen annehmen, verzichtet der Autor auf technische Angaben, die womöglich zum Anreiz der Verwirklichung führen könnten; er muss dem lizenzierten Fachmann die Ausarbeitung der Elektroinstallation überlassen, wie es in der Praxis auch Brauch ist.

Nur so viel sei erwähnt, dass Lichtquellen in jedem Schlag vorhanden sein sollten. Der Elektroplaner wird im Voraus entscheiden, ob die Leitungen aus Brandschutz- oder Sicherheitsgründen innerhalb der tragenden Elemente – unter Putz

*Die Technik macht es möglich, die Paarungsstimmung der Geschlechter auch
vor dem Naturerwachen in Gang zu setzen. Die auf dem Foto links abgebildete
Leuchte hat im Vergleich zu Lichtröhren effektiv nur eine geringe Reichweite. In
kleinen Babyabteilen erfüllt sie vollkommen ihren Zweck.*

– oder sichtbar auf den Wand- oder Deckenflächen verlegt werden. Weiter vorn
haben wir erfahren, wie mit der Verlängerung des Tages mittels Helligkeit die Paarungsstimmung der Tauben angeregt werden kann, künstliches Licht dieses Vorhaben also durchaus erleichtert. Wohlbemerkt ist die Wirkung des sogenannten

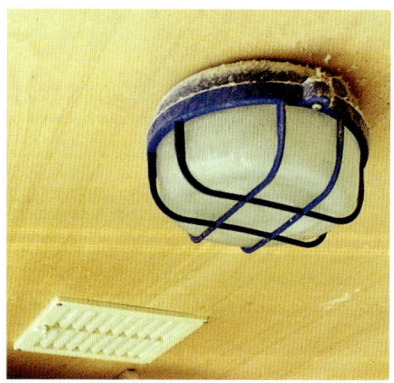

Lichtphänomens mit gewöhnlichen
Lichtquellen nicht zu erreichen. Voraussetzung hierbei ist die Ausstattung mit
Beleuchtungskörpern, deren Lichtverteilung dem natürlichen UV-Sonnenlicht
entspricht. Bei einer Annäherung bis
etwa 96 % der natürlichen Lichtintensität und Lichtqualität bietet der weltbe-
kannte Hersteller OSRAM speziell das
„Licht zum Wohlfühlen für Tiere" an, die
Leuchtstofflampe vom Typ UMILUX BIO-
LUX (T 26) mit einer dem Sonnenlicht
ähnlichen Lichtverteilung. Sie gehört
zur Gruppe der Dreibandenlichtfarben
mit sowohl maximaler Lichtausbeute
als auch guter Farbenwiedergabe und
garantiert zudem eine lange Lebens-

*Gewöhnliche Deckenleuchte mit ver-
deckter Zuleitung neben einer Decken-
abluftöffnung in einem Rassetaubenschlag.*

Elektrotechnische Ausstattung mit Schalter, Feuchtraumdose, Steuergerät und Kabelführung auf Putz in einem Vorraum, wie sie heutzutage aus Sicherheitsgründen installiert aussehen und platziert sein sollten.

Bodengitter aus Hart-PVC mit einer Feldaussparung für den Futtertrog. Solche Gitterelemente werden in unterschiedlichen Größen angeboten. Ohne Unterkonstruktion können die Roste bedenkenlos auf einem ebenen Boden verlegt werden.

dauer. Je nach Schlaggröße umfasst das Angebot vier Leuchtstofflampen (-röhren) mit Längen von 590 bis 1500 mm (18 bis 58 Watt). Gemessen an EU-Richtwerten für Geflügelställe, wo 4 Watt pro Quadratmeter Mindesthelligkeit vorgeschrieben sind, wird die Größe der Lichtquellenbestückung in den Taubenschlägen gering ausfallen. In Verbindung mit elektrischen Vorschaltgeräten (EVG) sind diese Röhrenleuchten zu dimmen; sie regeln den naturähnlichen Sonnenauf- und Sonnenuntergang über einen Zeitraum von zehn Minuten bis zwei Stunden.

Separate Stromkreise führen zu Steckdosen für Geräte, automatische Futtertröge, Tränkenwärmer und heizbare Nistschalen – sofern sie zum Einsatz kommen –, eventuelle Außenbeleuchtung, Warmwasserboiler im Wirtschaftsraum sowie auch für mechanische Lüftungsanlagen, Ionisatoren und Apparate, die mit elektrischer Spannung zu betreiben sind. In speziellen Fällen ist abzuklären, ob ein Potenzialausgleich erforderlich wird oder besonders geschützte Installationen vorzusehen sind.

Durch die Erfindung der drahtlosen Kommunikation erübrigt sich die Verlegung einer Schwachstromleitung für Telefon. Falls sich der Züchter auch mit der Hühnerzucht befasst und im Stallgebäude eine Brutmaschine betreibt, ist über die Bereitstellung eines integrierten Notstromaggregates nachzudenken.

Einpaarhaltung

Zur Perfektion neigende Rassetaubenzüchter haben sich mitunter für das Zucht-verfahren einer Einpaarhaltung entschieden. Denn nur bei dieser Art der Haltung haben sie eine absolute Abstammungsgarantie der Nachzucht.

Die Gefahr der Fremdbefruchtungen – die man schließlich umgehen will – ist in allen Schlägen vor allem ab der zweiten Brut gegeben, auch wenn die Stallungen ausreichend und die Nistzellen groß genug ausgelegt sind. Dieses Verhalten ist nicht unbedingt eine Unart der Tauben, sondern eher der Arterhaltung dienend vor-programmiert und demzufolge kaum zu unterbinden. Diese Art der Rassetauben-haltung wird nicht selten praktiziert; im Hinblick auf die Bauweise der Einzelboxen soll deshalb dieses Thema hier nach Erfahrungsschilderungen von Züchtern und Besuchen des Verfassers in einer nach dieser Methode betriebenen Zucht nicht un-erwähnt bleiben.

Unter diesem Aspekt ist der Lebensraum in einer Weise zu planen und zu bau-en, dass die zwar räumlich isoliert gehaltenen Paare das artspezifische Verhalten im scheinbar hindernislosen Gesellschaftsgefüge dennoch ausleben können. Vo-raussetzungen sind die direkten Kontakte in Koexistenz zur Nachbarschaft wie

Hygienisch einwandfrei ausgestattetes Außenabteil zur Einzelpaarhaltung von Kingtauben (von Thomas Meisinger, Gengenbach). Großer Lichtausschnitt und Durchlass regulieren hier Helligkeit und Luftaustausch.

Diese großformatige Nistzelle dient dazu, Zuchtpaare zeitweise bis zur erfolgten Kopulation unter Verschluss zu halten. Es handelt sich um eine pflegeleichte Vollholzkonstruktion als Block über- und nebeneinander gereiht in einem Rassetaubenschlag. Die Futterrinne ist wegen der Versorgung im Schlag abgeschottet.

das Sehen und Hören der Artgenossen, das Konkurrieren mit Drohgebärden und schließlich auch das Verteilen von Flügelschlägen auf der sicheren Unterkunftsseite und das Austeilen von Schnabelhieben zwischen den Gitterstäben hindurch. Das sind die Verhaltensbedürfnisse, die, ohne sie hierbei baulich zu unterdrücken, absolut berücksichtigt werden müssen.

Bis auf die Auslassseite kann der Brutraum ohne Einsicht geschlossen sein, während – je nach Rassengruppe bzw. Fluggewandtheit der Tauben – die zur Sonnenseite ausgerichtete Voliere in rassegerechter Größe den Berührungskontakt zu den Anwohnern von nebenan zulässt. Im Klartext heißt das, die Trenngitter mit einem Abstand auszurichten, damit die Artgenossen mit beschränkter Reichweite unter sich scheinbare Rangordnungsauseinandersetzungen austragen können, ohne sich dabei ernsthaft zu schaden.

Die Nistzelle

Das Nest ist der Mittelpunkt eines Taubenlebens; von dort gehen alle lebensbestimmenden Impulse aus, es ist die Geburtsstätte der neuen Generation, das familiäre Refugium, das zeitweilige Territorium der Geborgenheit, in dem bei Auseinandersetzungen von eindringenden Artgenossen stets das Heimrecht des Besitzers zur Überlegenheit verhilft.

Wie wir wissen, strebt jeder Täuber innerhalb seiner sozialen Gemeinschaft die an höchster Stelle gelegene Nistzelle an. Sofern er sich einen der vordersten Ränge in der Gesellschaft gesichert hat, gelingt es ihm durch diese Vormachtstellung, sich dort einzunisten. Es ist von baulichem Vorteil, günstigenfalls mehrere Zellen im oberen Bereich nebeneinander anzuordnen als wenige übereinander. Freilich kommt es auf das Raumangebot an, die Nistzellen anzahlmäßig zu verteilen und sinnvoll zu gestalten. Auch wird die Fähigkeit des Schlagbetreuers mit entscheiden, inwieweit er körperlich im Stande ist, sich zu bücken, zu recken, mit und ohne Kletterhilfe – sprich Leiter oder Hocker – Kontrollen und Pflegearbeiten durchzuführen.

Tauben sind Schachtelbrüter, das heißt, sie schreiten bereits zur nächsten Brut, während die vorangegangene noch nicht ausgeflogen ist. Demzufolge gehören in jede Nistbox zwei Nester oder es stehen für jedes Zuchtpaar zwei Zellen zur wechselseitigen Benutzung bereit.

Bis zu dieser Überlegung sind sich wohl alle Praktiker einig. Auf der Suche nach dem Ideal wird der veränderungsfreudige Züchter mindestens einmal während seiner Laufbahn aufgrund seiner Erfahrungen durch Umbau versucht haben, zu einem zufriedenstellenden Ergebnis zu kommen. Abgesehen von Fertigangeboten aus dem Fachhandel, finden wir in den Zuchtschlägen ebenso viele Selbstbauten, wie wir dort individuellen Einblick nehmen. Hierbei kommen wir sehr bald zu dem Entschluss, dass seltener die Größe der Zelle mit ihrer Ausstattung, sondern eher die mit der gezüchteten Rasse in Verbindung stehende Zweckmäßigkeit zum Erfolg führt. Diese Schlageinrichtungen sind so vielfältig wie die Anzahl ihrer Er-

Als Nische ausgebildete Nistplätze für kurzschnäblige Tümmler in einer usbekischen Zucht.

Brut und Aufzucht in einer Schaubox gewöhnen die Tauben an die Schaubühne, auf bzw. in der sie sich später wohlfühlen werden (von Friedel Boßmeier, Fränkisch-Crumbach). Die unterschiedlichen Materialoberflächen dieser Herberge sind wie die Einrichtungsgegenstände einfach zu reinigen und mit einem Sprühmittel leicht zu desinfizieren.

bauer. Die beigefügten Bilder verdeutlichen diese Tatsache. Das Patent wird der Züchter für sich selbst suchen müssen und erfahrungsgemäß auch finden, wenn er dabei Grundvoraussetzungen beachtet.

Weil jedes Jahr neue Taubenehen zu schließen sind, erfolgt das Anpaaren in der Nistbox. Zur Vermeidung typischer Raufereien zu Beginn wird in der Zellenmitte ein Trenngitter vorgesehen – mit oder ohne Durchlass. Wenn nachher die Vorderfront-verschlüsse entfernt sind, können die Elterntiere beide Bruten betreuen.

Flüchtige Rassen suchen für das Brutgeschäft vorzugsweise verdunkelte, wenigstens abgeschirmte Nistplätze. Für solche Vertreter wird eine Flugöffnung an der Vorderfront vorgesehen, die nach Bedarf – vor allem während der Zuchtruhe – verschlossen werden kann, auch während der Anpaarung, versteht sich.

Nesthocker – wie es Taubenjunge sind – haben stets das Bedürfnis, bei den Eltern zunächst Schutz, aber auch Wärme zu suchen. Und so werden die älter werdenden Jungen die Alten beim Brüten ständig behindern. Aus diesem Grund werden die Nistschalen erhöht aufgestellt, unerreichbar für den Nachwuchs, der sonst

Nistvorrichtungen aus Massivholz haben den Vorteil, dass sie mit stabilen Handgeräten gut zu säubern sind.

Tief liegende Nester für Kalotten- und Elstertümmler bei einem Züchter in Taschkent/Usbekistan. Die Seitenteile bestehen aus einer dünnen Hartfaserplatte, der Nesterunterbau aus Massivholzteilen.

zur Gefahr wird, die Eier der Folgebrut zu beschädigen. Dieses Übel von vornherein auszuschließen, bieten die auf den Zeichnungen und Fotos sichtbaren Gestaltungsvarianten.

Der Zellenfachboden liegt lose auf Randleisten und ist dadurch herausnehmbar. Das erleichtert die Säuberung. Mit dem Boden vorn rechtwinkelig verbunden, reicht eine zellenbreite Schutzblende; sie verhindert das Herausfallen der noch unbeholfenen, voreiligen Jungtiere. Eine aufgebohrte Leiste am oberen Blendenrand dient als Sitzfläche sowie als Einführung für das Frontgitter, das an der Deckenunterseite in halboffene Ösen eingehängt ist.

Der Brutablauf geht reibungslos vonstatten. Nach der Anpaarung steht eine Nistschale unter dem Nistkästchen bzw. der Konsole zusätzlich bereit. Die Eltern können also zwischen unten und oben wählen. Brüten sie oben, werden die Jungen mit Zunahme der Befiederung nach unten verlegt. Dazu werden Trink- und Futternapf bereitgestellt und zur Entlastung der Eltern, respektive zur Selbstversorgung der Jungtiere, wird dort gefüttert.

Nistzellen können eigentlich nicht groß genug sein, denn Begattungen sollten dort vollzogen werden können. Bei großen Rassen kommen deshalb stattliche Abmessungen zustande – bei kleineren, deren Fluggewandtheit die Ausnutzung so mancher Winkel in Dachschlägen erleichtert, fallen sie demzufolge in geringerer Größe aus.

Für zweckmäßig befinden Züchter mit Ambitionen für den Einsatz heizba-

Jedem Paar ein Eigenheim, so könnte man die bei Zdzislaw Borawski in Melanowek bei Warschau fotografierten Häuschen bezeichnen.

Platz ist in der kleinsten Hütte – groß genug für ein Zuchtpaar, um den Nachwuchs auf das Leben vorzubereiten. Die Seitenteile und der ausziehbare, leicht zu reinigende Boden bestehen aus Vollholz, die satteldachförmige Überdeckung – gleichzeitig Sitzgelegenheit für einen Ehepartner – ist aus einer leichten Tischlerplatte gefertigt.

rer Nistschalen die Installation von Elektroanschlüssen, also Steckdosen. Als reine Vorsichtsmaßnahme ist hierbei auf einen Sicherheitsabstand zu achten, sobald bei zeitweiliger Zellenfütterung Wassernäpfe zur Gefahr werden könnten, wenn sie umkippen und das Wasser ausläuft. Steckdosen außerhalb der Zelle, mit Einzelkabeln zugänglich, mindern das Risiko.

Für den Bau der Nistzellen eignen sich alle wie im Kapitel „Innenausbau" geschilderten Holzvarianten. Hygienisch vorteilhaft sind kunststoffbeschichtete Spanplattenteile, wie sie gelegentlich anzutreffen sind und deren einfache Reinigung die Züchter loben. Freilich kann der Einsatz dieses Materials nicht in Abrede gestellt werden; wenn die schlagklimatischen Voraussetzungen erfüllt sind, wird es keine bessere Oberfläche geben.

Eine auf die Rasse Italienische Mövchen abgestimmte Eigenkonstruktion mit Zellen mit Vorplatz zum Verweilen der Täuber während der Zuchtruhe (Trennung). Die Nistschale ist zum Schutz vor aufdringlichen Jungtieren höher aufgestellt. Rechts in einem Zwischenboden ist eine heizbare Nistschale als Wärmespender für noch unzureichend befiederte Jungtauben eingelassen. Sollte ein Jungtier das Nest verlassen, befindet es sich durch die angestaute Wärme im Zwischenraum auf dem warmen Untergrund. Zur Vermeidung des Wärmeverlustes nach unten empfiehlt sich eine Stannioleinlage am Boden.

Anhand der Abbildungen wird der Betrachter feststellen, wie widersprüchlich die im Bild festgehaltenen, sich über viele Jahre hinweg doch bewährten, sogar zur Nachahmung empfohlenen Beispiele zu den im Text beschriebenen Kriterien stehen. Eine Feststellung, die bescheinigt, wie Züchter und Tauben zu einer Symbi-

Dem Temperament der Rasse (Strasser) angepasst ist die Nistzelle mit einem beweglichen Seitenteil abgeschirmt, damit es beim Eindringen eines ungebetenen Besuchers und einer unliebsamen Auseinandersetzung nicht zu größeren Problemen kommt.

ose verschmelzen. Was dem einen gelingt, muss bei dem anderen nicht unbedingt funktionieren. Wo Ratschläge auf fruchtbaren Boden fallen, können die besten Erfahrungen anderswo ins Gegenteil umschlagen. Und das ist ja das Reizvolle in der Rassetaubenzucht, sich den Situationen zu stellen, frei nach der Devise: Probieren geht über Studieren.

Das Sitzregal

Dass Tauben um sich herum einen wenn auch unsichtbaren „Schutzmantel" tragen, kam im Kapitel über die Individualdistanz sehr einleuchtend zum Ausdruck. Daraus lässt sich natürlich ihre Vorliebe für den Aufenthalt in Nischen ableiten, in denen sie sich besonders geborgen fühlen und am liebsten auch brüten. Und weil sie in nächster Nachbarschaft wiederum erträgliche Koexistenz ausleben, lässt sich in der Praxis mit einer optischen List die Anzahl der Tauben auf einer maßlich reduzierten Fläche wesentlich erhöhen: mit einem Sitzregal.

In räumlich kleinen Jungtierschlägen bieten Sitzregale mit geringem Platzbedarf eine größere Aufnahmekapazität gegenüber Einzelsitzen. Durch geschickte

Dies ist ein typisches Sitzregal für Kropftauben. Die Rückwand ist eine Profilholzschalung, Seitenteile und Kotbrett sind aus Spanplatten, der Sitzstreifen ist aus Vollholz gefertigt.

Schmales Sitzregal aus farblich behandelten Massivholzteilen für Deutsche Modeneser Gazzi.

Konstruktionselemente – vorgezogene Zwischenwände – wird den dicht beieinander sitzenden Tauben der Sichtkontakt verwehrt und dadurch die optische Bedrohung entzogen. Auf akustische Regungen antworten die Nachbarn mit vergeblicher Erwartung und später mit ungetrübter Gelassenheit. Abgesetzte Jungtiere entwickeln sich zu ihrem Vorteil und wenn während der Trennung dort die Täubinnen einen sicheren Platz einnehmen, wird der Züchter auch bei flüchtigen Rassevertretern eher persönlichen Zugang gewinnen.

Der Bau von Sitzregalen (Zeichnung 29) ist höchst einfach. Einer Kiste ähnlich, erhält der Rahmen senkrechte Zwischenteile sowie eine Rückwand. Die Sitzbretter können durch ausgeschnittene Öffnungen über die gesamte Regalbreite geschoben werden, wie auch zwei runde Stäbe (Metall oder Hartholz) zur Aufnahme der einzelnen Kotbleche in den Abteilen dienen. Einschübe oder nur ein unter allen Abteilen befindlicher Bodenauszug dient als Kotauffang. Soll darauf verzichtet werden, fällt der Kot auf den Schlagboden.

Anstelle der Kotbleche (-brettchen) und Sitzbretter erfüllen Bodeneinlagen mit einer Aufkantung vorn denselben Zweck. Diese Art der Gestaltung ziehen solche Züchter vor, die sich am abgesetzten Kot über die gesundheitliche Verfassung ihrer Tauben orientieren.

Es kommt auf die konstruktive Bauart und Stabilität des Regals an, inwieweit es – mit Scharnieren an der Wand befestigt – die Reinigung erleichternd schwenkbar angeschlagen werden soll.

Sitzplätze

Parallel zur vielfältigen Entwicklung aller unserer Taubenrassen mussten sich die Sitzgelegenheiten den Strukturen, Größen oder der Fluggewandtheit anpassen. Waren es, wie die antiquarische Literatur vermittelt, sogenannte Reiter (Zeichnung 30) in Dachform und schließlich davon abgeleitet einfache Blocksitze (Zeichnung 31) mit einem Kotauffangbrett, wurden mit Ausprägung der Blaswerke und der Fußbefiederung die Sitzteller mit einem Wandarm notwendig. Mittlerweile befriedigt der Zubehörhandel jeden Anspruch, was so manchen Bastler nicht davon abhält, den Tauben seine Eigenkonstruktionen anzubieten. Anhand der Fotos zu diesem Thema wird der Betrachter genügend Anregungen zum Nachbauen erfahren.

Sitzgelegenheiten in einer Voliere für Voorburger Schildkröpfer (von H.-P. Flauaus, Hähnlein): Senkrecht stehende Rundhölzer sind mit Sitzreitern, die durch ein abgewinkeltes Zinkblech mit Holzaufsatz an der Wand befestigt sind, kombiniert.

Dieser übliche Sitzreiter aus Holz mit einer verbreiterten Sitzfläche ist für die fußbefiederte Nürnberger Schwalbe geeignet.

Ein fabrikmäßig hergestellter Sitzreiter mit Hart-PVC-Kotabweisern.

Dieser Sitzteller aus Mehrschichtholz in einer Schauvoliere mit einem Württemberg Mohrenkopf ist lackiert.

Der Hängeschrank im Vorraum dient dazu, unter Verschluss zu haltende Kleinteile, das Zuchtbuch und dergleichen aufzubewahren. Unter der Arbeitsplatte ist die Futterkiste auf einem Sockel aufgestellt. Auch die augenblicklich nicht benötigten Vorsatzgitter sind hier aufbewahrt.

Leicht zu erreichen: kleine Schere, Bundesringe, Gift gegen Schadnager und gängige Ungezieferbekämpfungsmittel.

Vorraum / Wirtschaftsraum

Zu einer Rassetaubenzuchtanlage muss nicht unbedingt ein Wirtschaftsraum gehören – er vereinfacht aber den Umgang mit den Tieren, wenn direkt an Ort und Stelle die benötigten Geräte, Behälter, Arzneimittel, Zuchtbuch usw. verfügbar sind.

Das Futter – dort aufbewahrt – gehört in eine Kiste oder ein Fass, weil dort die Entnahme leichter vonstatten geht und Ungeziefer wie Mäuse nicht zum Verweilen zwischen herumstehenden Säcken in einen für sie paradiesischen Unterschlupf eingeladen werden. Wo alles einen festen Platz hat, herrscht auch Ordnung, wo Sauberkeit gepflegt wird, verstauben die Gegenstände nicht.

Geräte und Gefäße

Reinigungsgeräte

Geräte zum Sauberhalten der Stallungen sind vornehmlich Besen, Handfeger, Rechen, Spachtel und Kehrschaufel. Sehr handlich sind auch die rechteckigen Maurerkellen. Komplettiert werden die Werkzeuge noch mit einer Sichel und Grassschere dort, wo eine Raseneinsaat den Boden ziert. Starke Industriestaubsauger halten immer häufiger Einzug in geräumigen Schlaganlagen.

Züchter, die Betätigung suchen und den Tauben mit ihrer Anwesenheit Vertrauen schenken wollen, verzichten auf derartige Luxusgerätschaften und verweilen stattdessen in gewohnter Weise als Partner ihrer Tiere im Taubenschlag. Staub-

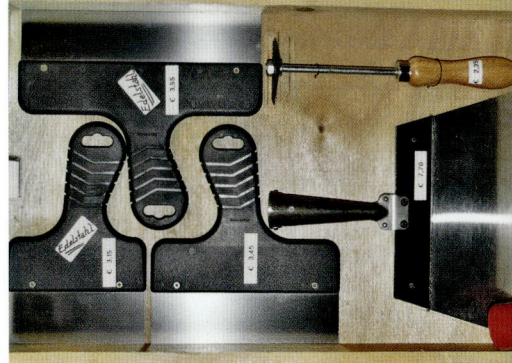

Laubbesen und Harke zum Abrechen der grünen und sandigen Oberflächen sind unverzichtbare Geräte zur Sauberhaltung der Volierenböden.

Schaber aus PVC mit Metallklinge und Dreieckkratzer aus Metall sind sehr stabil und leicht zu handhaben.

sauger werden dort zum Einsatz kommen, wo die Schlagböden blank gehalten und täglich gesäubert werden. Um Vergleiche bei der Anschaffung anstellen zu können, sind vorher bei Zuchtfreunden Erfahrungswerte einzuholen, damit das Gerät in seiner Leistung hält, was die Werbung verspricht.

Trinkgefäße

Seit Erfindung des PVC schaffen es die Taubenzüchter, ohne Frostschäden über den Winter zu kommen. Kunststoffdome mit mehreren Litern Fassungsvermögen, auf Tränkenwärmern aus gleichem Material stehend, lassen das Trinkwasser nicht einfrieren oder Tränken aus Glas nicht zersplittern. Tränken mit Domen aus Kupfer- und verzinktem Blech haben weitestgehend ausgedient. Eine moderne Alternative sind Selbsttränken, wie sie ähnlich – in größerer Ausführung – in der Nutzviehhaltung für das Trinkwasser sorgen.

Trinkgefäße sind nicht nur ihres Inhaltes wegen von besonderer Wichtigkeit, sondern wegen der absoluten Reinhaltung im Schlagwesen ist auch ihrem Standort unser Interesse zu schenken. Die unvermeidbare Staubentwicklung wird uns veranlassen, die Trinkgefäße in erhöhter Stellung, auf einer für diesen Zweck errichteten Konsole, einem Sockel oder einem im Schlag stehenden Behälter anzubringen. Sie sind regelmäßig und gründlich zu reinigen, vor allem umgestülpt durch Sonnenbe-

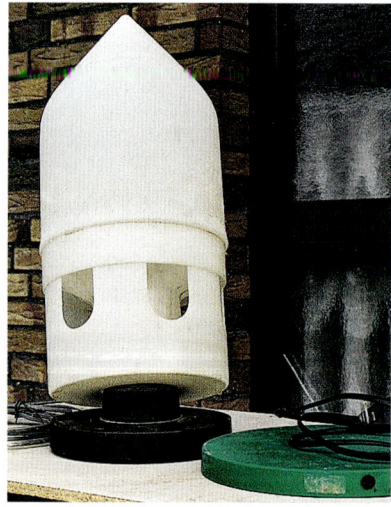

Handelsübliche Tränkenwärmer leisten im Winter gute Dienste.

Vorbildliche Tränkenpflege nach gründlicher Desinfektion mit natürlichen Mitteln: Wasser, Luft und Sonnenschein.

strahlung auf natürlichem Wege keimfrei zu machen. Es gehört zum Schlagbau, in der Nähe einer Wasserstelle dafür eine Trockenvorrichtung einzurichten. Weil die Tauben offene Gefäße mit Wasser gefüllt bei jeder Gelegenheit zum Baden aufsuchen, eignen sie sich nicht für die Trinkwasserversorgung.

Futtertröge

Groß genug können Futtertröge gar nicht sein, wenn jede Taube im Schlag ohne Benachteiligung an jedes zur Verteilung angebotene Korn gelangen soll. Diese Problematik versuchen jene Züchter zu vermeiden, die kurz- und langschnäbelige Rassen miteinander halten. Praktische Tröge zeichnen sich aus durch festen Stand, leichte Befüllung, Vermeidung der Verkotung, Erreichbarkeit des Futters, glatte Flächen zum Gefiederschutz und Bodenfreiheit bei belatschten Rassen sowie leichte Pflege.

Ihre Formen sind unterschiedlich; kastenförmige mit einem Deckel dienen als Sitzfläche – darunter befindet sich bei Automaten der Futterspeicher. Anstelle des Deckels verhindert ein dünner Draht oder eine Rolle das Aufsitzen der Tauben. Damit jeder der Tauben im Schlag ein Platz gesichert ist, trennen senkrechte Stäbe ein Durcheinander und verhindern das Einspringen in den Trog. Der Bedarfshandel bietet diese Versorgungsgeräte so preiswert an, dass sich der Selbstbau in keiner

Für jede Taube ein sicherer Futterplatz – der Holztrog ist gegen das Aufsitzen mit einer Rolle gesichert.

*Eine Futterraufe aus widerstandsfähigen PVC-Teilen mit gekröpften Abstand-
haltern und eine Kastenfutterrinne aus leichtem Holz mit runden Trennstäben.
Zugunsten einer langen Lebensdauer sowie leichten Reinigung des handelsüblichen Holztroges wird eine schützende Voranstrichbehandlung mit folgendem
Bootslacküberzug empfohlen.*

Weise lohnt. Eher sollte nach dem Kauf das Holzwerk mit einem Kronengrund eingelassen und abschließend mit Klarlack gestrichen werden. So veredelt, wird der
Futtertrog im Schlag nie Schaden nehmen.

*Platzsparend – der Mineralbehälter ist
in die Zwischenwand eingebaut und
mit einem Schutzdeckel versehen.*

Mineralienbehälter

Mineralienbehälter sind unerlässlich.
Die dauernde Bereitstellung ohne Ver-
schmutzungsgefährdung bereitet in
dafür konstruierten Behältern keine
Schwierigkeiten. Das Feuchtwerden
der Mineralien, wie es nicht selten ge-
schieht – weil sie dafür anfällig sind
–, ist auf das Schlagklima zurückzuführen. Notfalls sind Verbesserungen
anzustreben, den Tauben zuliebe. Mit
ihrem Wohlbefinden werden sie uns
belohnen.

Pflegeleichte Mineralbehälter aus dem Fachhandel.

Nistschalen

Die eigentlichen Nester der Tauben sind keine kunstvollen Gebilde für das Gelege. Die auffällige Farbe, das leuchtende Weiß der Eier, zeugt davon, dass sie von den Elterntieren ständig bedeckt sind und die Form auf ein Nichtwegrollen bei günstiger Unterlage schließen lässt. Individuell sehr unterschiedlich veranlagt, bauen die Haustauben ihre Nester noch, und zwar unvergleichlich üppig, während nachlässige die Eier auf den blanken Boden ablegen. Aus diesem Anlass bedienen sich die Züchter seit Anbeginn der Taubenpflege vorgerichteter Nistschalen.

Früher wie ein Korb geflochten, aus Holz gedrechselt oder aus Ton gebrannt, bietet der Handel heute ähnliche Ausführungen aus hartem Kunststoff, Recyclingmaterial und Pressspan in verschiedenen Größen, das heißt tiefmuldige mit weitem Durchmesser sowie mit kleinerem und flacher Mulde an.

Weil nun nicht allen Rassen ganz exakt angepasst, entscheiden sich Züchter von großen und schweren Rassen für Haushaltsschüsseln aus PVC oder basteln hölzerne Nesthilfen in Kastenform, die sie einigermaßen dem Taubenkörper angepasst mit Schaumstoff ausfüllen. Damit wird das Zerdrücken des Geleges vermieden. Diese Kistchen sind gegenüber den tellerförmigen Schalen vorteilhafter, weil sie fest auf dem Boden stehen und beim Betreten nicht umkippen. Deshalb hat ein findiger Produzent Nistschalen mit einem konischen, bis auf den Boden reichenden Rand entwickelt, der ein Umkippen ausschließt. Nistschalen aus Ton müssen glasiert bzw. lasiert und Schalen aus Holz lackiert sein, damit sie die glatte Oberfläche beibehalten; nur zu leicht setzt der ätzende Taubenkot dem ursprünglichen Grundmaterial schädigend zu, was die Desinfektion nach vorhergehender Reinigung beschwerlich werden lässt.

Handelsübliche Nistschalen aus verschiedenen Materialien. Von links: Recyc-lingqualität für den einmaligen Gebrauch, wie sie sich immer mehr durchsetzt, nicht kippgefährdet; die raue Oberfläche verhindert Grätschbeine. – Kunststoff-ausführung, wie sie auch als heizbare Nistschale mit Wärmekern und Anschluss-kabel angeboten wird. – Zwei Nistschalen aus leichtem Kunststoff, während die linke einen Gitterboden hat, ist bei der rechten der Boden mit Löchern versehen. – Zwei Schalen aus Pressspan in zwei Größen, sehr leicht, für kleine Rassen besser als für große geeignet.

Eine Überlebenschance bieten heizbare Nistschalen kältebedrohten Jungtau-ben dort, wo die Eltern den Nachwuchs vernachlässigen. Aus einem festen Kunst-stoffkern bestehend und sehr widerstandsfähig, lassen sie sich leicht reinigen und desinfiziert für den nächsten Einsatz vorbereiten. Bei der Anschaffung ist auf aus-reichende Anschlusskabellänge zu achten.

Hier sind die Badewannen aus Kunst-stoff im Volierenboden eingelassen.

Badegefäße

Gemäß dem Bedürfnis ihrer Rasse stel-len die Züchter wöchentlich ein- oder zweimal bzw. mehrmals ihren Tauben ein Bad zu Verfügung. Tauben fühlen sich nur dann wohl, wenn sie sich re-gelmäßig diesem Vergnügen hingeben können. Nass- und Sonnenbaden wer-den als Komfortverhalten eingestuft – eine Lebensnotwendigkeit.

Badegefäße sollen handlich, also leicht sein, dennoch groß genug, damit die Tauben eines Schlages zur gleichen Zeit darin Platz finden. Ihr Zuspruch ist

Die Kunststoffbadewanne hat eine mögliche Wasserstandtiefe von 8 cm.

zu groß, als dass sie warten, bis die ersten Individuen ein Bad genommen haben. Behälter aus Kunststoff, vor allem pflegeleicht, haben sich auch hier durchgesetzt. Kotschubladen aus der Kaninchenzucht sind nicht ungeeignet, wenn sie einen etwa 2 cm breiten Rand aufweisen.

Bevor die Tauben in das Wasser einspringen, verweilen sie zunächst auf dieser Kante, stippen mit dem Schnabel das Wasser mehrmals an, bis sie es schließlich aufsuchen – eine natürliche Handlung, wie es ihre Vorfahren in der Natur und verwilderte Artgenossen an stehenden Gewässern auch ausüben.

Sofern in der Voliere keine Wanne fest installiert ist, lässt sich gebrauchtes Badewasser mittels eines Drainageschlauches mit einem Durchmesser von 100 mm in den Volierenboden – mit grobem Kies ummantelt – in der Art einer Sickergrube ableiten. Zur Einmündung genügt die Muffe eines Steinzeugrohrbogens und als Abschluss ein passender Rohrdeckel aus PVC.

Dressurbehältnisse

Dressurbehältnisse sind für den Züchter und seine Tauben, sollen diese sich im Laufe des Jahres bis zur Ausstellungszeit daran gewöhnen, so wichtig wie ein intakter Rassetaubenschlag. Der bevorzugte Standort ist in Sicht- oder Hörweite der Artgenossen. Und damit bereits im Voraus das Oben- und Untenstehen, da einstöckiger Aufbau bei Ausstellungen nicht die Norm ist, das Sich-von-der-besten-Seite-Zeigen der Schaukandidaten zur Gewohnheit werden kann, richten wir in der

Durch diese Dressurbehältnisse im Bereich eines Offenfrontstalls bleiben die Tauben in der Nähe ihrer Artgenossen. Das sorgt für eine gute Atmosphäre der vorübergehend getrennt untergebrachten Tauben.

Damit die Transportbehälter lange haltbar bleiben, sollten sie trocken aufbewahrt werden. Zur Vermeidung von Staubablagerungen empfiehlt es sich, die Vorderfront dieser Einstellmöglichkeit mit einer Folie zu verschließen.

Zuchtanlage mindestens zwei Dressurzeilen übereinander ein, auch drei, wo der Platz ausreicht. Wer die Ordnung sucht und Sauberkeit liebt, den stört nichts mehr als Standbeine, die beim Kehren hinderlich sind. Jede Situation hat eine andere Umgebung, doch sind sie sich alle ähnlich.

Transportbehälter

Im wahrsten Sinne des Wortes gehört zu den wichtigsten Bestandteilen der Zuchtanlage der „Taubenkorb", ein Transportbehälter oder auch Ausstellungsbehälter genannt. Ein echter Industriezweig tut sich auf – die Besten haben sich durchgesetzt. Die mit Weidenzweigen geflochtenen aus früheren Zeiten gehören der Vergangenheit an, dennoch treffen wir sie dank ihrer soliden Verarbeitung noch häufig genug an. Das Angebot ist sehr vielfältig. Die Entscheidung liegt beim Züchter, unter Berücksichtigung einer eventuellen Fußbefiederung für seine Rasse die passenden Abteilgrößen herauszufinden.

Nach der Anschaffung bedarf es der dauernden Pflege, soll dieses gute Stück – die Visitenkarte des Züchters – den Tauben zeitweise einen unversehrten Aufenthalt gewähren. Transportbehälter müssen der Größe der Tiere entsprechen, eine ausreichende Festigkeit besitzen und mit wenigen Handgriffen zu öffnen und zu schließen sein. Das schreiben die Allgemeinen Ausstellungs-Bestimmungen (AAB) des Bundes Deutscher Rassegeflügelzüchter (BDRG) vor.

Wenn nun der mobile Teil unserer Zuchtanlage auf Reisen gehen soll, muss er intakt sein. Sofern er aus rohen Holzteilen (Boden, Deckel, Seitenwände) besteht, sollten diese gleich bei der Anschaffung mit einem Voranstrich eingelassen und dann mit Lack überzogen werden. Diese Oberflächenbeschichtung wirkt widerstandsfähig gegen den Kot sowie Feuchtigkeit und lässt sich auch leichter reinigen.

Lüftung

Auch wenn die Züchter in mancherlei Hinsicht nicht unbedingt tiefen Schlägen den Vorzug einräumen wollen, sind großräumige Stallungen für schwere Rassen und solche mit besonders ausgeprägten Merkmalen nicht zu umgehen. In Anbetracht ihrer doch eingeschränkten Fluggewandtheit benötigen sie zum Auf- und Anfliegen der Nistzellen und Sitzplätze erheblich mehr an Flugraum als die leichten Typen. Standort, Lage und Beschaffenheit des Gebäudes, noch dazu in ungünstigen Situationen, schließen sehr häufig erträgliche Raumluftverhältnisse aus. In den meisten Fällen können durch geringe Veränderungen deutliche Besserungen erreicht werden, wenn den Ursachen gezielt auf den Grund gegangen wird.

Innenteil eines Zuchtschlags: Große Fensteröffnungen (wechselweises Austauschen der Fensterflügel gegen gitterbespannte Rahmen) sowie Öffnungen in Bodennähe und im Deckenbereich sind Voraussetzungen für ein ausgewogenes Schlagklima. Wo sie nicht ausreichen, sollten zusätzlich – wie rechts auf dem Foto – nach außen führende Abluftöffnungen installiert werden.

Außenansicht dieses Elsterkröpfer-Zuchtschlages mit den wirksam werdenden Licht- und Luftöffnungen bei Ferdinand Schmitt in Künzell.

Anhand der Zeichnung 32 erfahren wir Möglichkeiten, um sie an Ort und Stelle in die Tat umzusetzen oder zumindest auszuprobieren und eine Verbesserung herbeizuführen. Aus dem Physikunterricht kennen wir das Bild mit der geöffneten Tür und den drei Kerzen, deren Flamme in Bodennähe zum Raum, in der Mitte senkrecht nach oben und die obere nach außen weist. Ein erklärbarer Vorgang, der beweist, dass die schwere Frischluft die verbrauchte leichte im Rauminneren nach oben und dort zum Verlassen des Raumes zwingt.

Eine natürliche Reaktion also, die wir uns im Taubenschlagbau zunutze machen müssen – ganz einfach, und zwar:

1. die Flugöffnung möglichst groß zu bemessen,
2. Fensterflügel zum Kippen und Aushängen vorzurichten sowie
3. in Bodennähe weitere Durchlässe vorzusehen, durch die Frischluft eindringen kann.

Zur Ableitung der verbrauchten Luft werden schließlich Abzugsmöglichkeiten erforderlich, die sich ganz einfach aus der baulichen Situation ergeben.

Der Luftaustausch kommt letztlich erst dann zustande, wenn die Schlagluft entweichen kann, weil infolge des Druckunterschiedes durch den Auftrieb die typische Schwerkraftlüftung entsteht.

Wo in Extremsituationen der oben beschriebene Luftwechsel auf natürliche Weise nicht regulierbar wird, können mechanische Lüftungen wirksame Fortschritte zeigen. Jede Situation stellt sich verändert dar und muss individuell projektiert werden. Ohne Expertenhilfe erleiden die meisten Versuche sprichwörtlich Schiffbruch, deshalb bleibt es unerlässlich, sich den Rat der Fachleute einzuholen.

Funktionierende Anlagen mit unterschiedlicher Kapazität nehmen durch ihre mannigfaltige Technik nicht wenig Raum in Anspruch. Auch der Energiebedarf ist zu berücksichtigen, wobei handliche Apparate sehr oft den gleichen Effekt erzielen. Voraussetzung ist, auch hier die Luftumwälzung zu forcieren, eben zunächst mit geringer Geschwindigkeit die Luft in Bewegung zu bringen, notfalls mit dem Einbau einer Flächenheizplatte in Bodennähe, damit die Luftzirkulation mit einem Ventilator im Deckenbereich in Gang kommt.

In speziellen Fällen bewirken in den Nistzellen installierte Zellensitzbrettheizungen in gleicher Weise durch aufsteigende Wärme die Luftzirkulation – dies wird in der Reisetaubenzucht praktiziert, um dort den Tauben nach anstrengenden Flügen eine frühestmögliche Regeneration zu ermöglichen. Das aus Schichtholz bestehende Sitzbrettchen erbringt mit elektrischer Steuerung dreistufig regulierbar eine Sitzplatztemperatur von 15, 25 und 32 °C.

Ionisatoren

Ein wirkliches Problem in den Taubenschlägen ist der Staub. Eine natürliche Angelegenheit, bedingt durch den Federpuder, den jedes Gefieder benötigt, um geschmeidig zu bleiben. Schlagstaub, der sich in absolut trockenen Verliesen nicht vermeiden lässt, ist voller Erreger wie Pilzkeime, Bakterien und Viren, also eine Infektionsquelle pur. Die Schlaginsassen werden damit ständig konfrontiert, wenn keine Abhilfe geschaffen wird, wogegen sich bei Reinigungsarbeiten der damit Beschäftigte gegen Staub vorsichtshalber mit einer Atemmaske absichert. Das gibt zu denken; immerhin ist der Staub ursächlich der Auslöser für den gefürchteten „Trockenen Schnupfen". Tauben und anfällige Menschen können dadurch an Allergien erkranken.

Der Anfälligkeit von Mensch und Taube wegen können wir uns dagegen mithilfe von Luftreinigern, sogenannten Ionisatoren, behelfen, die unsere Schlä-

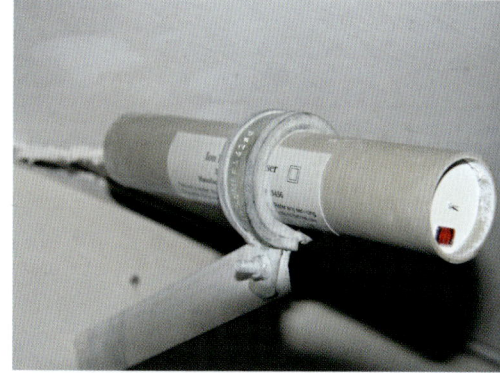

Leicht zu montieren und minimal im Stromverbrauch: ein installierter Ionisator in einem Rassetaubenschlag.

ge einigermaßen staubfrei halten. Mit ihrer Inbetriebnahme sinkt der Staubbefall rapide. Die Fensterscheiben bleiben sauber, die Innenflächen sind kaum noch davon betroffen wie auch Tränke und Futtertrog davon verschont bleiben. Fortan quittieren es die Tauben mit einwandfreien Atemwegen. Die Installation eines solchen leicht montierbaren Gerätes erfordert einen stabilen Untergrund zum Befestigen sowie einen Elektroanschluss. Die Stromkosten belaufen sich nach Herstellerangabe auf nicht einmal fünf Cent im Monat; die Anschaffung ist so wichtig wie die alltägliche Mineraliengabe.

Absauganlage

In großen Schlägen, wo Ionisatoren unzureichend sind, empfiehlt sich die Installation einer leistungsfähigen Staubabsauganlage, wie sie die Industrie für ihre Zwecke einsetzt. In einem separaten Raum oder auch in einem integrierten Abteil untergebracht, verbessert sie das Raumklima, ohne zu stören.

Die Planung der erforderlichen Kapazität sowie die Montage kann nur vom Fachmann ausgeführt werden, jede Mutmaßung über die ausreichenden Notwendigkeiten wäre reine Spekulation. Mit der Grundlagenberechnung übernimmt der Experte die Funktionsgarantie.

Herzstück einer professionellen Abluftanlage. Über die gesamte Schlaglänge hinweg mit Mündungen in jedem Abteil führt das schräg verlaufende Ansaugrohr (rechts) den Staub in die 100-Liter-Tonne, während die vier Schläuche – je nach Staubanfall sämtliche miteinander oder weniger – über Filter die gereinigte Luft durch den darüber befindlichen Abzug in die Außenluft transportieren.

Instandsetzungsmaßnahmen

Im Rahmen der baulichen Substanzerhaltung werden wir nicht umhin kommen, bei nachlassender Schutzwirkung die Farbanstriche zu renovieren, die Volierenbespannung zu erneuern oder auch in Schadensfällen dort, wo wir seinerzeit beim Neubau einen Baufehler begangen haben, zerstörte Teile auszutauschen. Das ist oft ein mühsames Unterfangen, wenn sich die Ursachen insbesondere an schwer zugänglichen Stellen oder tragenden Konstruktionen befinden. In den seltensten Fällen werden Schäden plötzlich sichtbar, deshalb muss die Devise Spontanzugriff lauten, soll sich der Instandsetzungsaufwand späterhin nicht durch hohe Kosten auswirken.

Mit dem Auftreten von Mängeln kommen die Unzulänglichkeiten beim Neubau zum Vorschein oder auch ein nicht befolgter Ratschlag in Erinnerung. Die in diesem Buch gegebenen Empfehlungen beruhen auf lebenslanger Berufserfahrung des Autors. Wenn der Leser bei diesem Kapitel Schadensursachen im Bereich seiner Zuchtanlage erkennt, wird er bei der Behandlung auf künftige Dauerhaltbarkeit vertrauensvoll auf meine Hinweise zurückgreifen können.

Erneuern der Anstriche

Nach wie vor plädiert der Autor für deckende Anstriche auf wasserlöslicher Dispersionsbasis, wie sie der Fachhandel des Malerhandwerks vorsieht und nicht, wie sie von Billiganbietern preisgünstig empfohlen werden. Dispersionsfarben sind Erzeugnisse von unterschiedlichen Herstellern, die in verschiedenen Qualitäten, je nach Verwendungszweck, innen oder im Freien verwendet werden können: auf Holz, Metall und massiven Untergründen wie Mauerwerk, Mörtelputz und Beton. Aus Sparsamkeit sollten die Verarbeitungsvorschriften nicht umgangen werden; man würde sich sonst selbst schädigen.

Die Anstriche von Profilhölzern sind von Zeit zu Zeit zu erneuern. Aufmerksamkeit verlangt die Behandlung der Zusammenstöße von Nut und Feder. Andersfarbige Elemente – wie hier der senkrechte Kantenschutz – werden zum Schutz abgeklebt.

Die zu renovierenden Untergründe sind entsprechend der Verarbeitungshinweise vorzubereiten. Das trifft auch für Lasur- und sogenannte Ölfarbenanstriche, das heißt lackierte Flächen, zu.

In solchen Fällen nachträglich auf wasserlösliche Farben auszuweichen, führt zu keinem dauerhaften Ergebnis. Die Weiterführung der vorangegangenen Grundbeschichtungen wird dringend angeraten.

Reparaturen an der massiven Bausubstanz bedürfen des Rates von Fachleuten, wobei Baustoffhandlungen ebenso weiterhelfen können. Im Übrigen stehen für alle anstehenden Ausbesserungen am Substanzbestand Reparaturmörtel mit Bewährungsgarantie zur Verfügung. Dort, wo die Stahlbewehrung sichtbar geworden ist, sind schließlich baukosmetisch versierte Spezialisten zu befragen.

Instandsetzungsarbeiten an Metallkonstruktionen haben meistens eine Erneuerung zur Folge, wie beispielsweise des Drahtgeflechts, bevor es zu rosten beginnt. Oxidierende Stahlteile werden von Rost befreit, mit einem Voranstrich grundiert und dann noch mehrmals gestrichen.

Wenn Holzwerk nach dem Feuchtwerden nicht die Gelegenheit zum Trocknen hat, beginnt es zu faulen, umso eher ohne vorherige prophylaktische Imprägnierung und Anstriche. Die von Fäulnis befallenen Holzteile werden bis zur gesunden Substanz abgetragen, die Flanken der zu sanierenden Teile gründlich gereinigt und samt allen Schnitt- und neuen Flächen mit einem Schutzanstrich versehen. Das trifft besonders dort zu, wo Holzteile stumpf gegeneinander gestoßen werden.

Die Hölzer werden mit passenden Metallwinkeln und Lochblechen verbunden. Zerstörte Pfosten benötigen eine stabilisierende Bodenfixierung in Form einer tief angesetzten, betonumfüllten Metallverankerung. Die fluchtrechte Ausrichtung erfolgt während der Abbindezeit des Betons mit Streben und Schraubzwingen.

Verlegen von Fußbodenplatten

Strapazierte oder uneben gewordene und daher nicht mehr ohne großen Aufwand zu reinigende Bodenoberflächen erhalten bestenfalls einen neuen Oberbelag. Ist es ein massiver Untergrund, wird man sich für eine mindestens 3 cm dicke Zementestrichschicht entscheiden oder auf eine hölzerne Oberfläche ausweichen. Dies ist die gängigste Methode, die Gehfläche für die Tauben in ihrer Unterkunft vorzurichten. Die Industrie hält speziell – wie im traditionellen Wohnungsbau angewandt – für derartige Zwecke geeignete Materialien bereit, die im Taubenschlagbau eingesetzt werden können. Das sind bewährte Schreinerei- bzw. Tischlerei-Produkte mit einer belast- und behandelbaren (streichfähigen, beklebbaren) Oberfläche, wie sie bereits beschrieben worden ist. Dass Taubenkot auf Dauer seine Spuren hinterlässt, wird bei ausbleibender Pflege späterhin deutlich zu sehen sein. Bewährt haben sich vom Baufachhandel angebotene Pressspanplatten, und zwar solche, die per Zertifikat ihre Bezeichnung „Fußboden-Verlegeplatten" auch verdienen. Vor dem Kauf wäre noch festzulegen, welcher Oberflächenschutzanstrich infrage kommen soll. Bodenanstriche, wie sie in Tankräumen verwendet werden, haben sich in der Praxis längerfristig bewährt.

Die Plattenstärke sollte keinesfalls unter 24 mm liegen. Je dünner sie ist, umso geringer wird der Abstand der Unterkonstruktion ausfallen. Bei vorgenannter Materialdicke genügt ein Achsmaß, also von Mitte bis Mitte Unterlagsholz gemessen, von 50 cm. Ist der Untergrund nicht gegen aufsteigende Feuchtigkeit isoliert, sind diese Rahmenschenkel mittels einer bituminierten Pappeunterlage (Rollenlänge = 20,00 m, Rollenbreite = 1,00 m) dagegen zu schützen.

Nach dem Einmessen der Lagerhölzer (4 x 4 oder 4 x 6 cm) werden diese vorgebohrt; bei Massivbodenuntergründen die Dübel gesetzt und mit dem Boden verschraubt. Die vorgesehenen Verlegeplatten – ihre Unterseite ist beschriftet – werden, wo es notwendig wird, zum Beispiel an Vorsprüngen und sonstigen Unebenheiten, an den Rändern entsprechend der Gegebenheiten ausgeschnitten, auf die Unterkonstruktion gelegt, und damit sie beim Ausrichten der folgenden Platten nicht verrutschen, mit einem Nagel leicht angeheftet. Dann werden sie mittels Tischlerleim an den Federflanken am Stoß bei Nut und Feder zusammengeführt. Mittels eines gekröpften Nageleisens wird das Plattenfeld aneinander

Um die hölzerne Untergrundkonstruktion gegen Nässe zu schützen, werden die Rahmenhölzer auf eine bituminierte Pappe gelegt. Eine Tiefdruckimprägnierung dieser Rahmenschenkel verlängert außerdem die Haltbarkeit.

Das Zusammenfügen von Feder und Nut bis zum Anschlag erfolgt mit einem gekröpften Nageleisen. Der Abstand zur Wand sollte etwa 1,5 cm betragen. Danach werden die Platten gegen das Verrutschen mit einem Nagel leicht angeheftet.

gepresst, wieder mit Nägeln fixiert und an der Plattenoberseite die Lage der Rahmenhölzer aufgezeichnet.

Die Verschraubung erfolgt ausdrücklich mit Spaxschrauben (nicht nageln!), deren Ansatzstellen vorgebohrt werden. Senkrechte Bauteile werden zuvor nach dem Anzeichnen ausgeschnitten. Die Dehnfugen (1,5 cm) an den Wandanschlüs-

Am angezeichneten Verlauf der Kant-holzlage auf der Plattenoberfläche werden die Schraubenlöcher vorgebohrt und die Spanplattenelemente dann mit Verlegeschrauben (Spaxschrauben) versenkt befestigt.

sen werden mit Leisten verdeckt; auf Luftzirkulation innerhalb der Unterkonstruktion ist zu achten. Beim Vorbohren wird das vertiefte Eindringen der Spaxschrauben berücksichtigt, damit die Schraubenköpfe überkittet werden können bzw. nicht hervorstehen und sich bei der Bodenreinigung nicht hinderlich auswirken.

Ungezieferbekämpfung

Es gehört zu den Aufgaben des Züchters, die Tauben vor Schäden jeglicher Art zu bewahren. Deshalb liegen zur Schadensvermeidung vor allem vorbeugende Schutzmaßnahmen im persönlichen Interesse. Wenn wir die Ratschläge im Textteil der Baubeschreibungen beherzigen, haben wir spätere Nachteile schon im Voraus minimiert; denn es lassen sich Schadnager wie Mäuse nun mal nicht gänzlich aussperren, selbst wenn wir die Zugänge zur Zuchtanlage ständig verschlossen halten und die Maschenweite der Volierenbespannung auf die geringste Durchlassgröße reduzieren. Wir werden auch trotz größter Vorsicht nicht den Einzug von Spinnen, Milben, Federlingen und dergleichen verhindern können, doch bieten sich Chancen, sie wirkungsvoll auf überschaubare Zeiträume begrenzt in Schach zu halten.

Dem Auftreten von Schädlingen lässt sich vorbeugen durch helle, lichtdurchflutete Taubenschläge, Sauberkeit und ritzenlose Oberflächen an Boden, Wänden, Decken und allen Einrichtungen, keine Futterreste, keine wahllos herumstehenden Gegenstände und Gerätschaften. Vermeiden Sie dunkle Ecken, trennen Sie sich von Unrat und achten Sie ständig auf Ordnung.

Wo eine Ratte ist, sind noch fünfzig andere; sie können die ganze Taubenzucht in Gefahr bringen. Doch wo viel Licht ist, fühlen sie sich nicht wohl, setzen sich nicht fest und richten sich erst gar nicht wohnlich ein.

Am einfachsten hält man die finsteren Gesellen mit den langen Schwänzen fern, indem man unerreichbar für andere Lebewesen punktuell an mehreren Stellen dauernd Ratten- und Mäusegift pyramidenförmig in einem Napf angehäuft auslegt. An der veränderten Anhäufung sieht man, ob die Schädlinge eingedrungen sind und davon gefressen haben. Nach dem Motto „Wehret den Anfängen" finden wir gelegentlich einen ausgetrockneten Leichnam.

Wem schlagkräftige Fallen mit Tötungseffekt zu grausam erscheinen, der kann auf Lebendfallen ausweichen oder wendet einen der seit einigen Jahren im Fachhandel befindlichen Mäusesprays an. Der Hersteller und alle, die solche chemische Abwehrmittel angewandt haben, verbürgen sich für die Wirksamkeit. Regelmäßige, gezielte Anwendung – das Einsprühen saugfähiger Oberflächen an Türschwellen und dergleichen mit diesem Konzentrat naturidentischer Aromastoffe in alkoholischer Lösung alle vier Wochen – vertreibt nachhaltig die gefürchteten Schadnager und verhindert zudem ihr Wiedereinwandern in die Schlaganlage.

Wirkungsvoll sind vertreibende elektrische und teilweise mit Solarenergie betriebene Ultraschallgeräte, die einen sehr großen Wirkungsradius haben. An bestimmten Orten aufgestellt, werden sie genauso zur Vertreibung von Maulwürfen eingesetzt.

Nach periodischen Reinigungsarbeiten werden Desinfektionen zur Keimabtötung und Prophylaxe durchgeführt; solche Maßnahmen werden zur Routinehandlung, vor allem, weil der Zubehörhandel leicht zu bedienende Geräte dafür bereithält.

An den Peripherien der Ortschaften treiben nicht selten Marder und Fuchs ihr Unwesen und wehe, wenn sie einmal zuschlagen. Vor Überraschungen sind wir zwar nicht sicher, aber vor beiden müssen wir ständig auf der Hut sein durch das Instandhalten der Zuchtanlage an allen Ecken und Enden. Sie überlisten uns nur in solchen Fällen, wo man nicht aufmerksam genug ist.

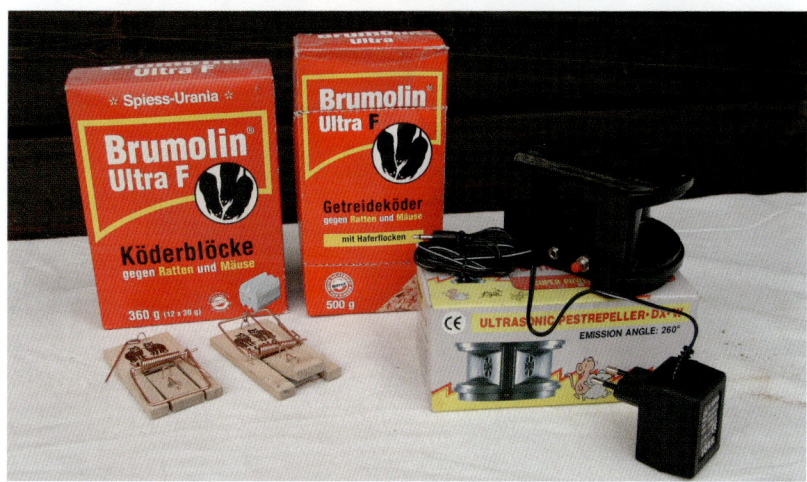

Wo Taubenschläge hell und ringsum für Schadnager verschlossen sind, Hygiene keine Wünsche offen lässt, Unrat keinen Unterschlupf bietet und sie nicht von Nahrungsmitteln angelockt werden, kann auf die abgebildeten Vernichtungs- bzw. akustischen Abwehrmittel verzichtet werden.

STÄDTEBAULICHE PROJEKTE

Ein Taubenturm in Pforzheim. Die Stadttauben erkennen auf Anhieb nicht, dass hier für sie eine ständige Bleibe errichtet wurde. Die Besiedelung gelingt nur an konzentrierten Futterstellen, wenn Nischenstrukturen als Reizauslöser den Tauben ein Verweilen anbieten. Durch ihre Standorttreue werden sie den Geburtsort nicht verlassen, es sei denn, sie sind als neu gebildetes Paar auf der Suche nach einem Brutplatz. Die Ansiedlung gelingt mit der Einquartierung und zeitweiligem Einsperren, bis die ersten Jungen geschlüpft sind. Das bedeutet die Eingewöhnung mit einem Vorsatzkorb zum Ausschauhalten und für die Organisatoren das Füttern und Tränken in der Nistzelle.

STÄDTEBAULICHE PROJEKTE

Viele Großstädte der Welt leiden zugegebenermaßen unter einem außergewöhnlich hohen Bestand an Stadt- bzw. Straßentauben. Durch ihre kaum zu stoppende Populationsdynamik hinterlassen sie unverkennbar an der historischen Bausubstanz zehrende Schäden.

Ihre Anpassungsfähigkeit hat sie wahrhaftig zu Weltenbummlern gemacht. Einerseits stehen sie in der Gunst zahlreicher Sympathisanten, andererseits erfahren sie auffällige Abscheu in Form von Dezimierungen jeglicher Art und Weise. Hitzige Diskussionen führten zu keiner vertretbaren bzw. brauchbaren Methode. Der starke Druck von Bürgerinitiativen jedoch führte vielerorts zu nachahmenswerten, zunächst Erfolg versprechenden, schließlich wirksamen Ergebnissen in Gemeinden, heute sogar mit Vorbildcharakter.

Zu einem Patentrezept hat es noch keines der Beispiele gebracht, dennoch zur Reduzierung, zumindest aber zu gleichbleibenden Beständen. Besondere Aufmerksamkeit verdienen deshalb die bisherigen Erfahrungen aus Projekten beider Basel, dies- und jenseits des Rheins: Initiiert vom örtlichen Tierschutzverein und damals unter wissenschaftlicher Aufsicht des jetzigen Prof. Dr. Daniel Haag-Wackernagel stehend, wurden von 1989 an Taubenschläge mit 30 bis 50 Quadratmetern Grundfläche hauptsächlich unter den Dächern von Schulhäusern gebaut. Es handelt sich dabei um Brutplatzeinbauten und Futterstellen – kurzum kontrollierte Aufenthaltsorte, die Schlussfolgerungen zur aktuellen Taubenbestands-Regulierung ermöglichen.

Die dort in über zehn Jahren zusammengetragenen Fakten widerlegen heute so manche irrige Meinung und setzen zuweilen Vermutungen außer Kraft, die schon früher eigentlich jeder Grundlage entbehrten.

Ein Alternativbeispiel ist die Besiedelung eines Taubenturmes. Obschon viele dieser Vorhaben bislang scheiterten – auch in privater Hand, weil ungeschickt verfahren –, gelang es der Stadt Pforzheim im Zentrum einen recht groß dimensionierten Taubenturm zu bevölkern. Abgesehen von einer Standortveränderung zur Zeit der Manuskriptbearbeitung dieses Buches befinden sich die Tauben dort in einem attraktiven Blickpunkt mit überwiegend positiver Einschätzung durch die Bürger.

An beiden Fällen sich bei Nachahmungsabsichten nur optisch zu orientieren, würde sicherlich erfolglos enden, weil doch die Grundvoraussetzungen im Umgang mit Tauben erfüllt sein müssen. Ein sehr umfangreicher Fragenkomplex wäre zu klären, vor allem die Skepsis der Menschen zu überwinden und Projekte dieser Art im Interesse von Mensch und Taube gleichermaßen günstig zu bewältigen. Zweifellos ein Betätigungsfeld, auf dem unser Fachverband fundierte Erfahrungen einzubringen im Stande ist.

Anregungen, Tipps und Besonderheiten

Zu den wichtigsten Bestandteilen eines Rassetaubenschlages gehören ein Zuchtbuch und eine Taschenlampe für abendliche oder nächtliche Besuche, wenn man sich nochmals einen Überblick verschaffen will.

Zur Wahrung des Hausfriedens und zum Schutze der Alltagsschuhe leisten Gummigaloschen und -pantoffeln gute Dienste; leicht lassen sie sich reinigen und desinfizieren, wo es notwendig wird.

Wasser und Bürsten direkt beim Taubenschlag erhöhen den Komfort einer Zuchtanlage.

Trenngitter zwischen den Volieren oder in der Zugangsschleuse müssen nicht eng sein. Im handelsüblichen Format bei einer Maschenweite von 5 x 5 cm und den Außenmaßen von 2,00 x 1,00 m lassen sie sich sehr leicht den Situationen anpassen. Unterhalb wird dann ein Geflecht angebracht, wenn die Volieren mit Hühnervögeln wie Wachteln besetzt sind. Ein gekröpftes Flacheisen dient der Aufnahme von Geräten, damit sie vom Fußboden verschwinden.

Trotz der Schlagausrichtung gegen Süden bläst der Wind doch recht eindringlich aus Westen, sodass sich ein angebrachter Sturmschutz recht günstig auswirkt.

Wichtige Begleiter eines Rassetauben-züchters: das Zuchtbuch für Aufzeichnungen über Generationen hinweg sowie eine Taschenlampe für Einsätze bei nächtlichen Kontrollgängen.

Das Schlagklima kann verbessert werden, wenn vor der eigentlichen Tür eine Gittertür für Frischluftdurchlass vorhanden ist.

Wenn Volieren vergrößert oder verkleinert werden müssen, dann lassen sich bewegliche Wechselrahmen – in Schlaufen und Haken hängend – auf einfachste Weise handhaben.

Eine Plattform in Brusthöhe wird von den Schlaginsassen in der Regel sehr gern angenommen: zum Sonnenbaden, zum Aufstellen des Badegefäßes und des Futtertroges; nicht selten wird dort die Paarung vollzogen.

Erfolg in der Rassetaubenzucht beruht wie bei jedem Umgang mit Lebewesen auf gepflegter Vertrauensbasis. Nähe zu seinen Tieren findet der Züchter in Verbindung mit der Fütterung aus der Hand über einem Futtertisch.

Der Futtertisch ist ein beliebter Aufenthaltsort für Volierentauben, der tagsüber zum Verweilen einlädt und wo sich bei gegenwärtiger Fütterung Züchter und Pfleglinge sehr nahe kommen können.

Besonders in großen Schlägen ist es wichtig, mit den Tauben in Kontakt zu kommen, noch dazu, wenn sie von Natur aus flüchtig veranlagt sind.

Werkzeuge

Das Bild auf der nächsten Seite zeigt sämtliche Handwerkzeuge, mit denen wir die Holzarbeiten bewältigen können. Vom oberen Bildrand hinten links nach vorn schauend sind das: Schwingschleifer, Hand-/Tischkreissäge, Bauwinkel, Wasserwaage, Gehrungslade mit Handfeinsäge, Bohrersatz, Bohrmaschine, Fuchsschwanz (Handsäge), Hobel, Bügelsäge, Rahmenspanner, Schraubzwinge, Kombizange, Schraubendreher und -zieher, Beißzange, Holzstemmeisen, Meterstab, Hammer, Bleistift und Schmiege (Winkelnehmer).

Wem gehobelte Holzflächen im Freien zu fein erscheinen, der kann sich zum Egalisieren des Schwingschleifers bedienen. Wie sich in der Praxis bestätigt, finden dort Lasuren und deckende Anstriche einen saugfähigen Untergrund, besser als auf glatten Flächen. Auf Dauer gesehen ist diese Behandlungsmethode die vorteilhafteste.

Für Erd- und Betonarbeiten benötigen wir folgende Werkzeuge: Richtscheit, Bauwinkel, Spaten, Kreuzhacke und Schaufel; ergänzt werden sollten sie um eine

Sämtliche Werkzeuge zur Holzbearbeitung.

Eine Auswahl der im Fachhandel angebotenen Verbindungen.

Richtschnur, einen schweren Hammer und einen Rechen (Harke) sowie eine Maurerkelle für feine Arbeiten.

Die kleine Auswahl von Bauwinkeln, Lochblechen und Balkenschuh lässt erahnen, welche vielfältigen Möglichkeiten sich bieten, Bauhölzer aller Dimensionen miteinander zu verbinden, ohne dass eine berufsmäßige Ausbildung als Tischler oder Zimmermann erforderlich ist; Gespür für Machbares und handwerkliches Geschick sind aber gefragt, um die Bauvorhaben zu bewerkstelligen. Zur Befestigung der Stahlteile werden Spaxschrauben oder sogenannte Kammnägel verwendet; diese Nägel haben allerdings den Nachteil, dass sie im Falle einer Änderung beim Herausziehen das Holzteil unbrauchbar machen.

Verschlüsse – Schloss und Riegel – Alarmanlagen

Sich vor Einbruch und Diebstahl zu schützen, heißt Schutzmaßnahmen zu treffen. Hier haben sich bei Dunkelheit Licht schaffende Bewegungsmelder bewährt ebenso wie damit kombiniert überraschend Signal gebende Alarmanlagen abschreckende Wirkung erzielen. Für den Gebäude- bzw. Eigentumsschutz bieten übrigens zuständige Polizeidienststellen kostenlose Beratungen an.

Der Türverschluss mit Vierkantschlüssel reicht tagsüber; für ein Verschließen mit einem Sicherheitsschloss ist darüber eine vorstehende Lasche mit Bohrung vorgesehen.

Fototechnische Überwachungskamera an einer Taubenvoliere im BDRG-Wissenschaftlichen Geflügelhof – ein Beispiel, wie sie in Privat- und Gemeinschaftszuchtanlagen eine Nachahmung finden könnte.

Fertigbau-Taubenschlag

Verständlich, wenn handwerklich weniger geschickte Bauherren den Taubenschlag aus dem Fertigbau vorziehen; nicht jeder hat auch genügend Freizeit, sich der Selbstbauweise zu widmen, und dann kommt es schließlich darauf an, inwieweit Mithelfer zur Verfügung stehen, weil eine dritte Hand doch zur Unterstützung nötig wird.

Anregungen holen wir uns auf Baumessen oder großen Rassegeflügel- bzw. Taubenschauen, wo die einschlägige Fachindustrie präsent ist. Der Vergleich von Prospektunterlagen kann sehr aufschlussreich sein, um sich anhand von Bauplänen und -beschreibungen ausgiebig zu informieren. Hierbei einen Baufachmann zurate zu ziehen, kann den Interessierten vor späteren Enttäuschungen bewahren.

Messe-Schläge als Ausstellungsware verkörpern meistens Glanz und Gloria, dort treffen wir auch auf echte Spitzenleistungen, Präzisionsarbeit mit ausgesuchten Bauteilen, liebevoll zusammengebaut. Eine Referenzliste sollte man sich jedenfalls aushändigen lassen. Und weil man nur einmal baut, wahrscheinlich ein- oder

Ein Taubenschlag, wie er vom Fachhandel angeboten wird.

mehrmals erweitert, wie es bei Kleintierzüchtern Tradition ist, suchen wir einige Nutzer der angebotenen Schläge auf und befragen sie nach ihren Erfahrungen. Dort erkennen wir unter Berücksichtigung von Pflegeaufwand oder Nachlässigkeit der Betreiber, ob eine solche Serienproduktion substanziell gelitten oder sich bewährt hat. Wir werden genauso hören, welche Details verbesserungsbedürftig sind oder was in welcher Weise im Voraus zur Funktionsverbesserung eingeplant werden muss. Aus Schaden wird man bekanntlich klug.

Vor- und nach Kaufvertragsabschluss wird ein Besuch in der Fertigungshalle des Herstellers dringend angeraten. Was für Ausstellungen, Messen und vielleicht ständige oder vorübergehende Musterschauen fein säuberlich mit nicht rostenden Schrauben verbunden ist, wird am Fließband nämlich sehr häufig zusammengetackert oder genagelt. Vertrauen ist angebracht, Kontrolle aber stets von Vorteil.

Gegen solche Techniken modernster Verarbeitungskünste ist oft nichts einzuwenden, weil die Stabilität nicht gefährdet ist; stellen Sie aber bei Lieferung oder später bei der Abnahme nach Fertigstellung derartige Qualitätsabweichungen fest, werden Sie als enttäuschter Käufer nur eine Nachbesserung, gegebenenfalls eine Wertminderung erreichen, keineswegs werksneue Teile erhalten, auch wenn ein Rechtsstreit vorangegangen ist. Der moralische Nachteil bleibt immer beim Kunden, der Ärger genauso, wenn es um Garantieleistungen geht.

Sogenannte Gewährleistungsfristen müssen in jedem Bauvertrag enthalten sein. Das sind unter vertraglicher Zugrundelegung nach der Verdingungsordnung für Bauleistungen (VOB) zwei und nach dem Bürgerlichen Gesetzbuch (BGB) fünf Jahre. Während dieser Zeit entstehende Bauschäden werden der Lieferfirma sofort schriftlich mitgeteilt. Reagiert sie nicht, dann nochmals und unter Hinweis auf das vorangegangene Schreiben, jedoch diesmal mit angemessener Terminsetzung und per Einschreiben mit Rückantwortschein. Werden Absprachen getroffen, wird das Protokoll – das handschriftlich sein kann – von beiden Parteien unterschrieben. Ist ein Mangel bzw. Schaden behoben, so läuft die Instandsetzung ebenso lange, über den Rahmen der vereinbarten Gewährleistungsfrist für das gesamte Bauvorhaben hinaus.

Freilich wird hier unterschieden, um welche Schäden es sich dabei handelt. Wenn die natürliche Lüftung – geregelt über Wandöffnungen – nicht ausreicht, dann wird vermutlich der ungünstige Standort die Ursache sein. Wenn sich aber die Profilschalung löst, sich die Decke oder der Boden verselbstständigt, dann ist Gefahr im Verzug, die auf konstruktive Fehlerquellen hinweist und der Instandsetzung bedarf. Seriöse Firmen werden sich auch dann noch kulant zeigen, falls ein akuter Mangel nach Ablauf der längst überschrittenen Garantiefrist sichtbar wird.

Wenn Fenster- und Türflügel in ihren Funktionen gehindert sind, das heißt nur schwer schließen, ist das ein Zeichen mangelnder Ausrichtung der waagrechten und lotrechten Bauelemente.

AUF WAS SIE BEIM KAUF ACHTEN SOLLTEN:

1. Absicherung des Baukörpers gegen aufsteigende Feuchtigkeit.

2. Verschraubung der Außenverkleidung mit nicht rostenden Materialien.

3. Außenanstrich nach den Verarbeitungsvorschriften des Farbherstellers ausgeführt – deckende Anstriche haben sich gegenüber feinen Lasuren durchgesetzt.

Achten Sie bei der Montage darauf, dass Schnittstellen am Bauholz sofort einen Imprägnieranstrich und dadurch einen vorbeugenden Schutz erhalten.

Vereinbaren Sie, dass Verschraubungen an den Elementen, letztmalig bei der Schlussabnahme, vor Ablauf der Gewährleistungsfrist nachgezogen werden.

Nehmen Sie keinen allzu großen Einfluss auf die Bauabwicklung vor Ort – selbst wenn Sie meinen, mitmischen zu müssen. Das bezieht sich vor allem auf die Inanspruchnahme bzw. Beschaffung von Abladehilfen wie Kleinkräne oder Gabelstapler, wenn diese Geräte – je nach Vereinbarung – nachträglich bezahlt werden müssen. Guten Willens hat schon so mancher Bauherr tief in die eigene Tasche greifen müssen, davor sollen Sie bewahrt werden.

Bei großen Ausstellungen lassen sich die Fabrikate und Konkurrenzangebote am besten vergleichen. Die Qualität der Verarbeitung ist durchweg ausgeglichen. Oft sind es Finessen, die überzeugen: ein ausgeklügeltes Lüftungssystem beispielsweise oder die Anordnung der Nistzellen und Sitzregale auf engem Raum. Auch die Futtertrog- und Tränkenplatzierung will überlegt sein.

Das Bild auf Seite 108 zeigt einen professionellen Taubenschlag mit vorgehängter Kleinvoliere und Ausflug. Diese Bauweise erlaubt das Erweitern durch Anbauen von einzelnen Schlagabteilen. Der zum Bausystem gehörende Fußboden ersetzt eine vorgerichtete Bodenplatte aus Beton. Streifen- oder Blockfundamente für eine Balkenlage zur Aufnahme des Bauwerkes mit einem wirksamen Schutz gegen aufsteigende Feuchtigkeit sind dennoch unabdingbare Voraussetzungen, genauso wie die Verankerung zur Sturmsicherung.

Das Baugesuch

Über die Gemeinde	Eingangsvermerk der **Gemeinde**
Freudenhain	
an die untere Baurechtsbehörde	Eingangsvermerk der **Baurechtsbehörde**
Freudenhain	

Antrag auf

☒ **Baugenehmigung (§ 49 LBO)**
☐ **Bauvorbescheid (§ 57 LBO)**

	Aktenzeichen
	Zutreffendes bitte ankreuzen ☒ oder ausfüllen

Über den Bauantrag kann nur entschieden werden, wenn die aufgrund § 52 LBO in Verbindung mit der Verfahrensverordnung zur LBO notwendigen Angaben im Bauantrag und in den Bauvorlagen enthalten sind. Sind Bauantrag oder Bauvorlagen unvollständig oder weisen sie erhebliche Mängel auf, kann der Bauantrag nach ergebnisloser Fristsetzung zurückgewiesen werden (§ 54 Abs. 1 LBO).

1. Bauherr

Name, Vorname bzw. Firma [1]), Anschrift, Telefon [2])

```
        Müller,    Paul
        Taubenweg  4
        12345  Freudenhain
```

2. Baugrundstück

Gemeinde, Gemarkung, Flur, Flurstück, Straße, Haus-Nr.

```
    Gemeinde  :  Freudenhain       Flurstück  :  Nr. 57 / 10

    Gemarkung :  Hangwiesen         Strasse    :  Taubenweg 4
```

3. Bauvorhaben

☒ Errichtung ☐ Änderung ☐ Nutzungsänderung ☐ _____

Genaue Bezeichnung des Vorhabens / der mit dem Bauvorbescheid zu klärenden Einzelfragen

```
    Neubau  eines  Rassetauben - Schlages

    mit  1 Vorraum  und  4 Abteilen
```

1) bitte Ansprechpartner anführen 2) Angabe freiwillig

(Siehe dazu Lageplan und Zeichnung auf Seite 149/150)

4. Planverfasser

Bauherr	Müller, Paul

Name, Vorname, Anschrift, Telefon [2])

V D T   und   **Partner**

Bauplanungsbüro

Mittelstrasse 9

12345   Freudenhain

Bauvorlageberechtigt

☒ als Architekt/in nach § 43 Abs. 3 Nr. 1 LBO, Architektenliste Nr.

☐ als Innenarchitekt/in nach § 43 Abs. 3 Nr. 2 LBO, Architektenliste Nr.

☐ als Ingenieur/in der Fachrichtung Bauingenieurwesen
nach § 43 Abs. 3 Nr. 3 LBO, Liste der Ingenieurkammer Nr.

BAWÜ   307/76 XL

☐ als

mit **Bauvorlageberechtigung** nach

☐ § 43 Abs. 4 LBO

☐ § 77 Abs. 9 LBO i. V.
mit Art. 3 LBO ÄndG. 1972

☐ § 43 Abs. 5 LBO

☐ § 77 Abs. 10 LBO i. V.
mit § 53 Abs. 5 S. 2 LBO 1983

5. Bautechnische Prüfung

☐ Das Bauvorhaben bedarf der bautechnischen Prüfung (§ 17 LBOVVO).
Die bautechnischen Nachweise (§ 9 LBOVVO) sind angeschlossen bzw. werden nachgereicht.

☒ Das Bauvorhaben bedarf **keiner** bautechnischen Prüfung (§ 18 LBOVVO).
Die bautechnische Bestätigung eines qualifizierten Tragwerksplaners nach § 18 LBOVVO ist angeschlossn
bzw. wird nachgereicht.

2) Angabe freiwillig

6. Bauvorlagen und sonstige Anlagen
(Die Anzahl der Ausfertigungen ergibt sich aus § 2 Abs. 2 LBOVVO)

Bauherr	Müller, Paul

6.1 `5` -fach Lageplan (§ 4 LBOVVO) vom

> siehe Fertigungsdatum

6.2 `5` -fach Bauzeichnungen (§ 6 LBOVVO) vom

> wie vor

6.3 `5` -fach Baubeschreibung (§ 7 LBOVVO)

6.4 `-` -fach Technische Angaben zu Feuerungsanlagen (§ 7 LBOVVO)

6.5 `-` -fach Angaben zu gewerblichen Anlagen, die keiner immissionsschutzrechtlichen Genehmigung bedürfen (§ 7 Abs. 2 LBOVVO)

6.6 `-` -fach Darstellung der Grundstücksentwässerung (§ 8 LBOVVO) — Wird bei Bedarf nachgereicht

6.7 `-` -fach bautechnische Nachweise (§ 9 LBOVVO) oder bautechnische Bestätigung (§ 10 LBOVVO)

6.8 ` ` -fach Benennung eines Bauleiters (§ 42 LBO) - Name, Anschrift, Unterschrift - wird nachgereicht

6.9 `-` -fach statistischer Erhebungsbogen (für jedes Gebäude getrennt)

6.10 `-` -fach sonstige Anlagen

Die Bauvorlagen Nr. 6.6 bis 6.8 können nachgereicht werden; sie sind der Baurechtsbehörde vor Baubeginn vorzulegen. Die Darstellung der Grundstücksentwässerung und die bautechnischen Nachweise sind so rechtzeitig vorzulegen, daß sie noch vor Baubeginn geprüft werden können.

Bauherr	Unterschrift, Datum 25.04.2012	Planverfasser	Unterschrift, Datum 24.04.2012

Datenschutz-Einwilligungserklärung

Daten über Bauvorhaben dürfen nur veröffentlicht oder an Dritte zur Veröffentlichung weitergegeben werden, wenn der Bauherr hierzu seine schriftliche Einwilligung erteilt hat. Aus der Verweigerung der Einwilligung entstehen keine rechtlichen Nachteile. Die Nichtabgabe einer Erklärung gilt als Verweigerung.
Als Bauherr bin ich damit einverstanden, daß die Angaben in den Nr. 1 bis 3 zur Veröffentlichung weitergegeben werden.

[x] ja   [ ] nein

[x] an das örtliche Amtsblatt bzw. die örtliche Zeitung

[x] an Verlage für Bautennachweise

Die Gemeinde ist unabhängig von der Einwilligung des Bauherrn zur Bekanntgabe des Bauvorhabens in der Tagesordnung des Gemeinderats oder des zuständigen Ausschusses verpflichtet und zudem berechtigt, über die Sitzung im örtlichen Amtsblatt zu berichten.

Bauherr	Unterschrift, Datum 25.04.2012

113

Baubeschreibung

1. Bauherr

Name, Vorname bzw. Firma ¹), Anschrift, Telefon ²)

    Müller, Paul
    Taubenweg   4
    12345 Freudenhain

2. Baugrundstück

Gemeinde, Gemarkung, Flur, Flurstück, Straße, Haus-Nr.

Gemeinde :	Freudenhain	Flurstück : **Nr. 57 / 10**
Gemarkung :	Hangwiesen	Strasse : **Taubenweg 4**

3. Bauvorhaben

[X] Errichtung   [ ] Änderung   [ ] Nutzungsänderung   [ ] _____

Genaue Bezeichnung des Vorhabens

    Neubau eines Rassetauben - Schlages
       mit 1 Vorraum und 4 Abteilen

Bauwert nach DIN 276 Teil 2, Abschnitte 3.1 und 3.2
- Ausgabe April 1981 -

davon Rohbaukosten

8000,-   €

Brutto-Rauminhalt
nach DIN 277 Teil 1   **141,000**   m³

Kosten für 1 m³   80,-   €

4. Angaben zur Nutzung

Art der Nutzung (z.B. Wohnung, Büroräume)	notwendige Stellplätze*		notwendige Garagen*	
	vorhanden	geplant	vorhanden	geplant
1. **Tierhaltung** (Rassetaubenzucht)	–	–	–	–
2. (Freizeitbeschäftigung)	–	–	–	–
3.				
4.				

* Hinweis:
Nach § 37 Abs. 1 Satz 2 LBO ist bei anderen Nutzungen als Wohnnutzungen die Zahl der notwendigen Stellplätze unter Berücksichtigung des ÖPNV zu ermitteln. Die Stellplatzzahlen und deren Minderung je nach Standortqualität der baulichen Anlage ergeben sich aus der **Verwaltungsvorschrift Stellplätze** vom 16.04.1996 (GABl. S. 289).

Nebenanlagen:

1) bitte Ansprechpartner anführen   2) Angabe freiwillig

Außenanlagen:

Bauherr	Müller, Paul

Einfriedigungen (Höhe, Material)	Kinderspielplatz bei Wohngeb.(§ 9 LBO, § 1 LBOAVO)	Sonstige
am bestehenden Wohnhaus vorhanden	Größe: – m²	–

5. Grundstücksbeschaffenheit

Baugrund (Angaben nach DIN 1054)	Beschaffenheit und Tragfähigkeit
	steiniger Lehmboden

6. Konstruktion des Gebäudes

Gründungsart

Stahlbetonplatte auf Streifenfundamente

Bauteil	Art u. Material der Konstruktion Dämmstoffe, Verkleidungen	Brandschutzqualität nach LBOAVO	
		Feuerwiderstand (soweit gefordert)	Baustoff- eigenschaft
Tragkonstruktion (§§ 3, 5 u. 8 LBOAVO)	Zimmermannsmäßiges Fachwerk		
Außenwände (§ 6 LBOAVO)	wie vor		
Innenwände (§ 7 LBOAVO) - Wohnungs- trennwände	leichte Trennwände in Holz		
- Treppenraum- wände	–		
- Wände notwendiger Flure			
Dach (§ 9 LBOAVO)	Pultdach : Faserzement- Wellprofil auf Sparren		
notwendige Treppen (§ 10 LBOAVO)	–		

Entsprechen Feuerwiderstand und / oder Baustoffeigenschaft von Bauteilen nicht mindestens den Anforderungen der LBOAVO, sind auf einem Zusatzblatt qualifizierte Ausgleichsmaßnahmen nachzuweisen, die eine Abweichung nach § 56 Abs. 1 LBO rechtfertigen.

Zeichnungen

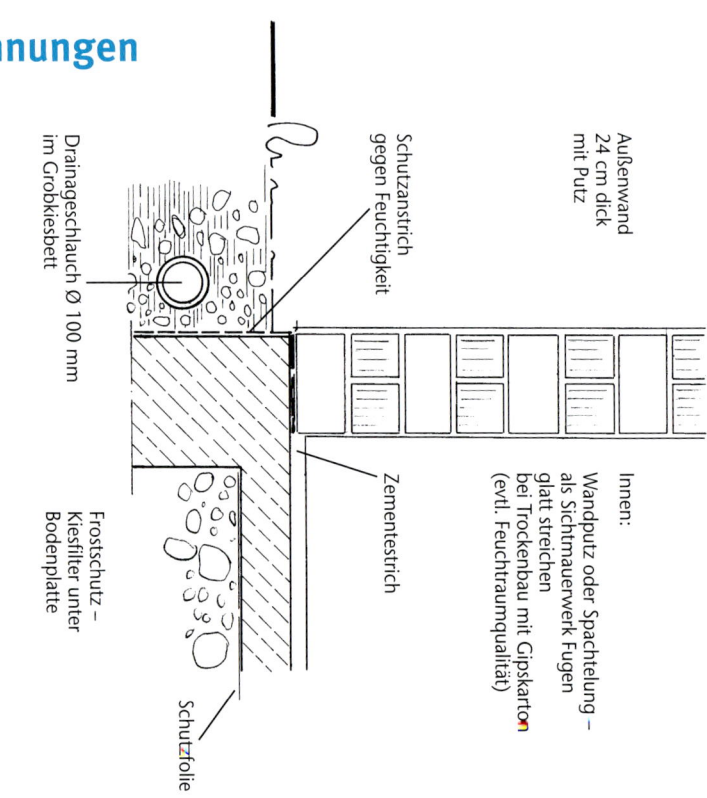

Außenwand
24 cm dick
mit Putz

Schutzanstrich
gegen Feuchtigkeit

Drainageschlauch Ø 100 mm
im Grobkiesbett

Frostschutz –
Kiesfilter unter
Bodenplatte

Schutzfolie

Zementestrich

Innen:

Wandputz oder Spachtelung –
als Sichtmauerwerk Fugen
glatt streichen
bei Trockenbau mit Gipskarton
(evtl. Feuchtraumqualität)

**Ausbilden des
aufgehenden Mauerwerkes**

Alle Fundamente
frostfrei gründen

Feuchtigkeitsschutz

Unterkonstruktion

Verlegeplatte

Dehnfuge mind. 1,5 cm

Sockelleiste

Bei Verputz Holzteile (innen
und außen) mit Putzträger
überspannen und gegen
Feuchtigkeit verwahren.

Fachwerk, ausgeriegelt mit
Mauersteinen – als
Sichtmauerwerk

116

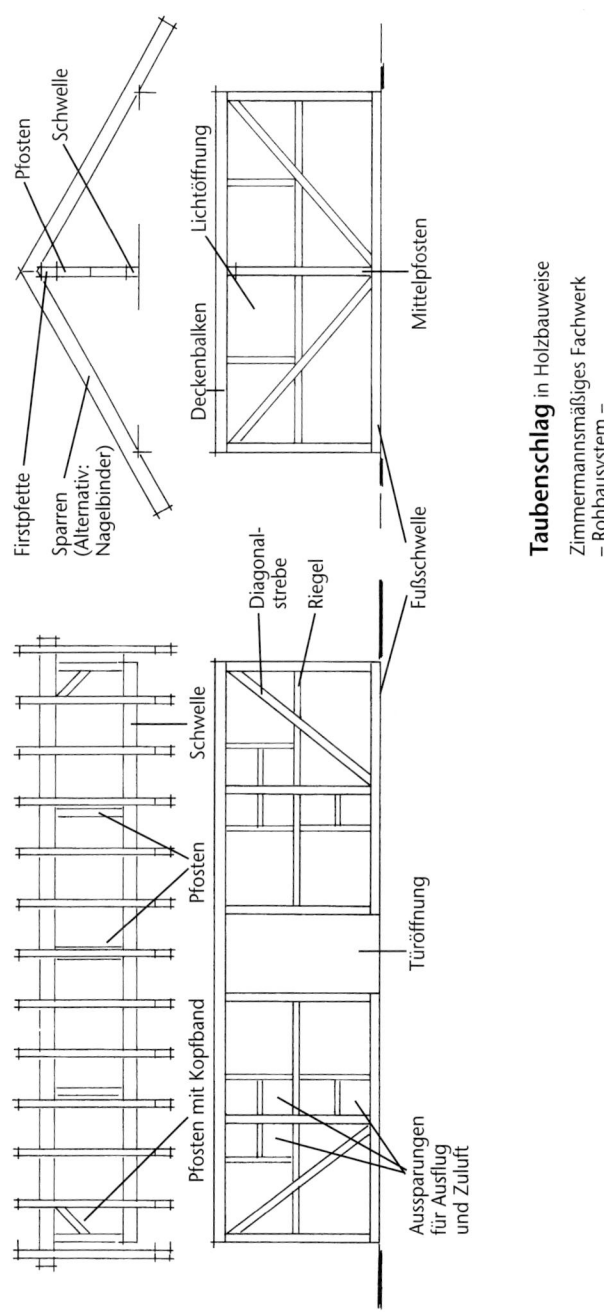

Taubenschlag in Holzbauweise
Zimmermannsmäßiges Fachwerk
– Rohbausystem –

Schnittschema

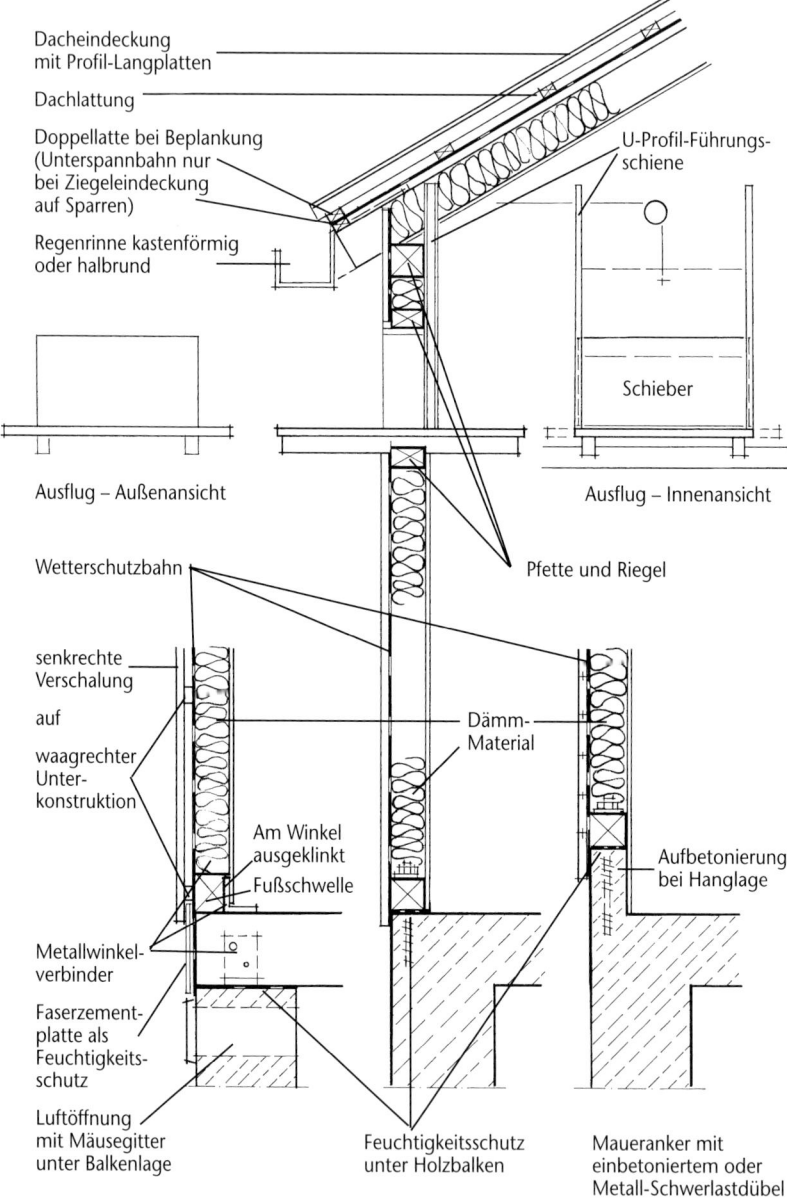

Dacheindeckung
mit Profil-Langplatten

Dachlattung

Doppellatte bei Beplankung
(Unterspannbahn nur
bei Ziegeleindeckung
auf Sparren)

Regenrinne kastenförmig
oder halbrund

U-Profil-Führungs-
schiene

Schieber

Ausflug – Außenansicht

Ausflug – Innenansicht

Wetterschutzbahn

Pfette und Riegel

senkrechte
Verschalung

auf

waagrechter
Unter-
konstruktion

Dämm-
Material

Am Winkel
ausgeklinkt

Fußschwelle

Aufbetonierung
bei Hanglage

Metallwinkel-
verbinder

Faserzement-
platte als
Feuchtigkeits-
schutz

Luftöffnung
mit Mäusegitter
unter Balkenlage

Feuchtigkeitsschutz
unter Holzbalken

Maueranker mit
einbetoniertem oder
Metall-Schwerlastdübel

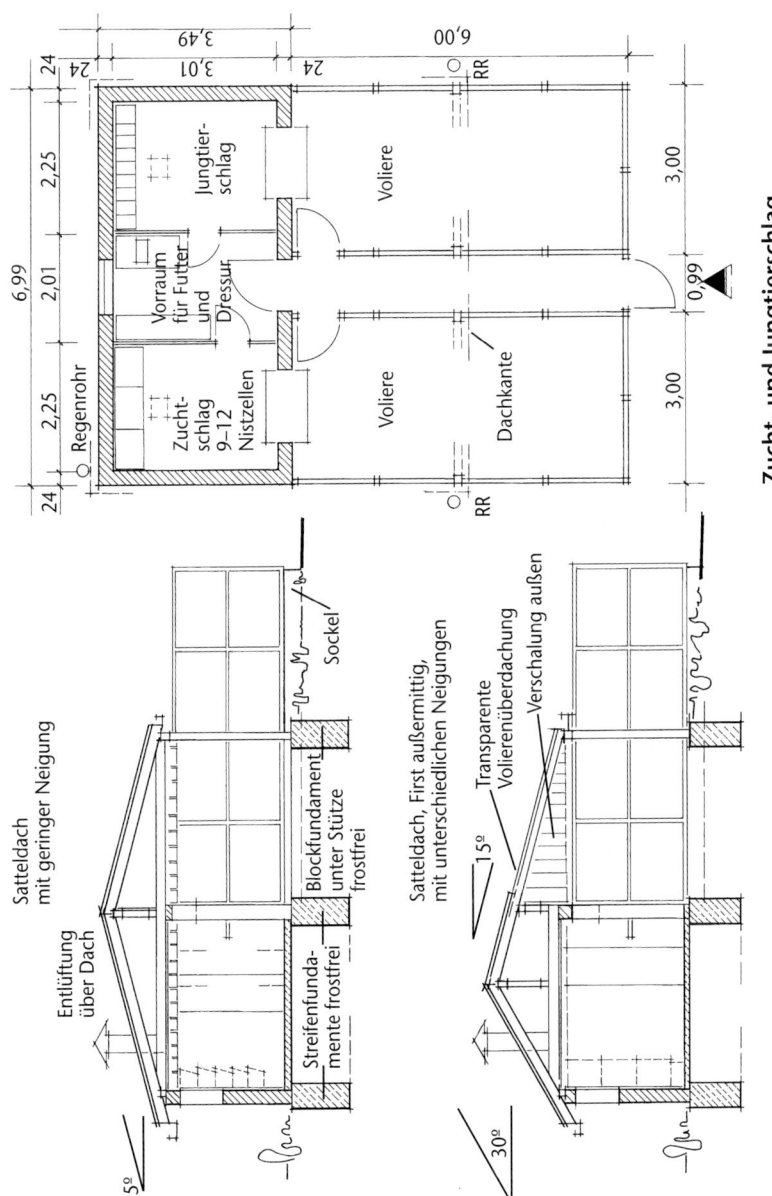

Zucht- und Jungtierschlag

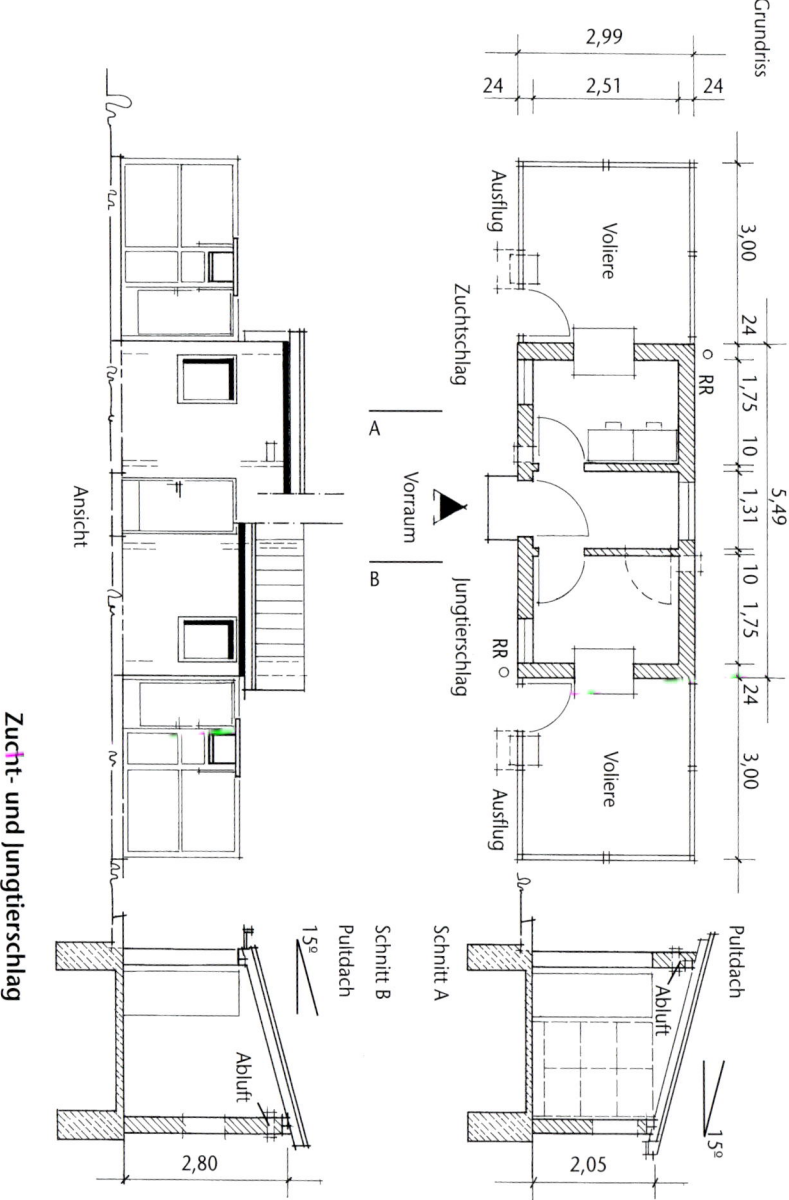

Grundriss

2,99

24 | 2,51 | 24

Ausflug

Voliere

Zuchtschlag

3,00

24

1,75

RR

5,49

10

1,31

10

1,75

24

3,00

A

Vorraum

B

Jungtierschlag

RR

Ausflug

Voliere

Ansicht

Zucht- und Jungtierschlag

Schnitt B
Pultdach

15°

Abluft

2,80

Schnitt A

Pultdach

Abluft

15°

2,05

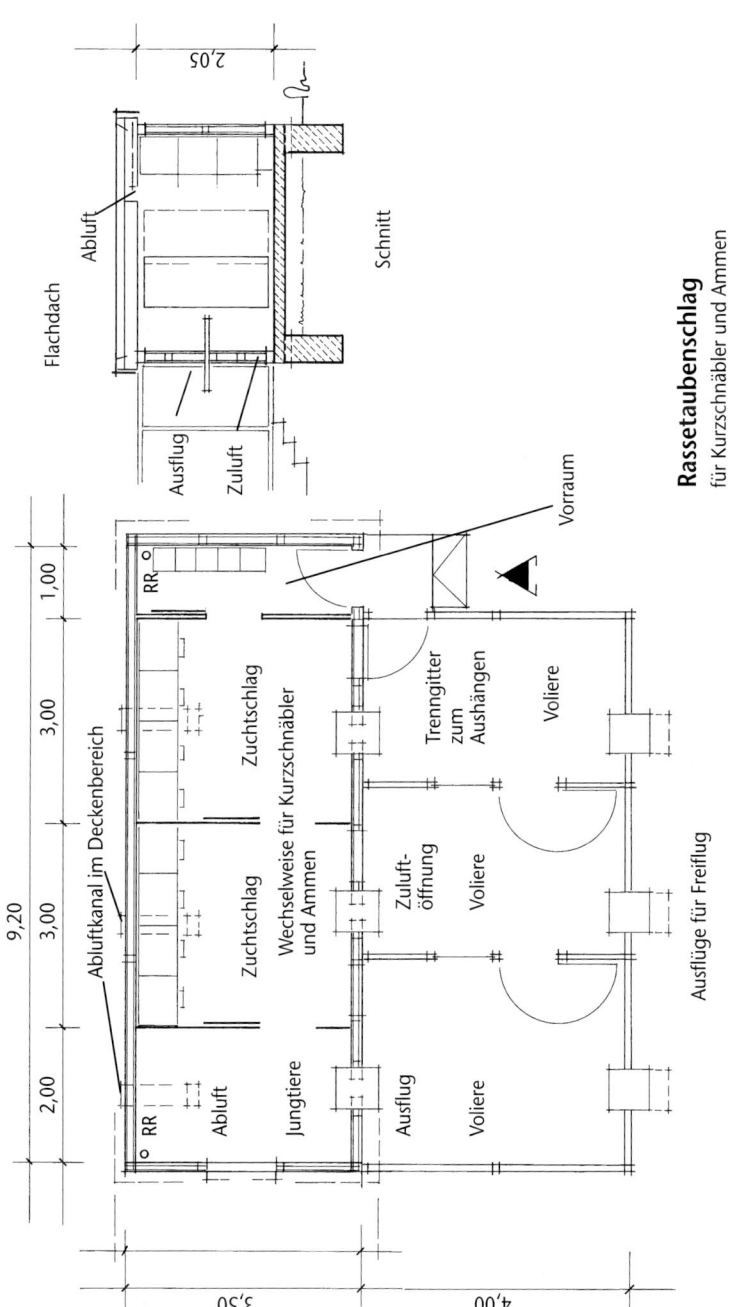

Rassetaubenschlag
für Kurzschnäbler und Ammen

Schnitt

Flachdach

Abluft

Ausflug

Zuluft

2,05

Grundriss

9,20

2,00 · 3,00 · 3,00 · 1,00

3,50

4,00

RR

Abluft

Jungtiere

Ausflug

Voliere

Abluftkanal im Deckenbereich

Zuchtschlag

Zuchtschlag

Wechselweise für Kurzschnäbler und Ammen

Zuluftöffnung

Voliere

Voliere

Trenngitter zum Aushängen

Voliere

Vorraum

RR

Ausflüge für Freiflug

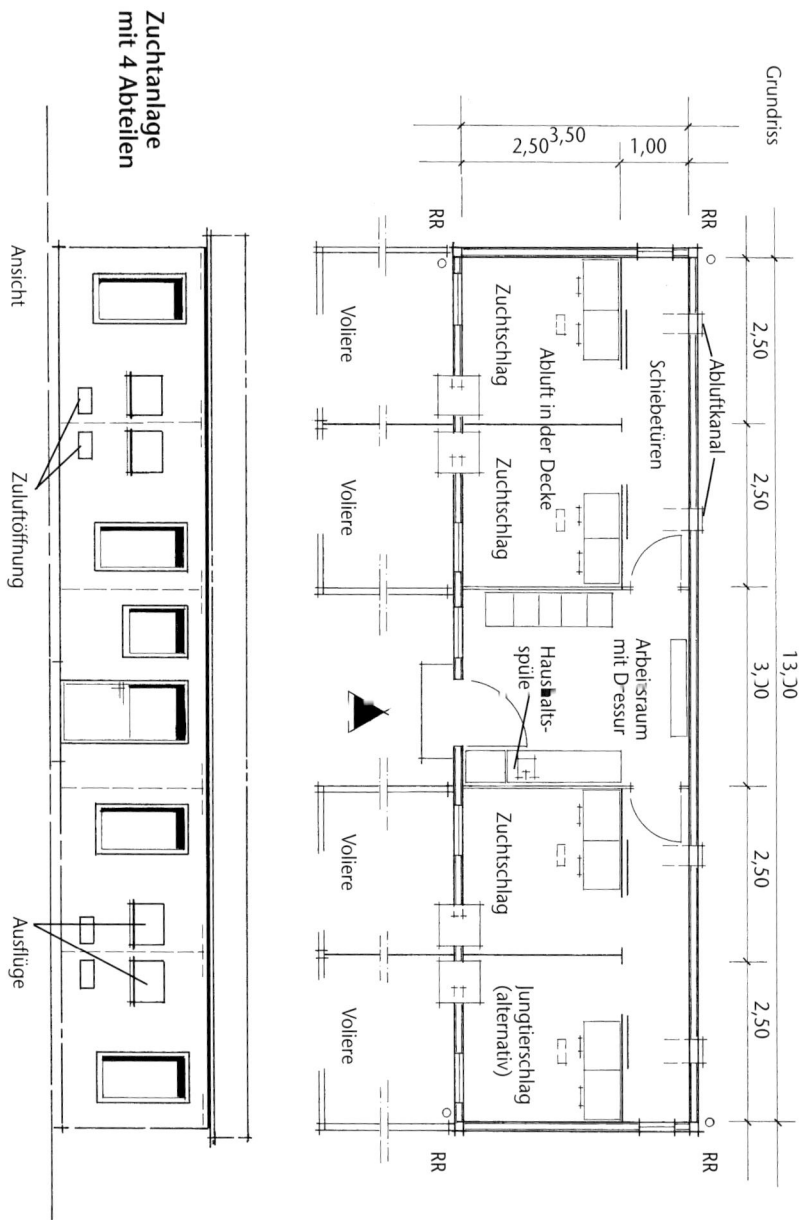

Zuchtanlage mit 4 Abteilen

Grundriss

2,50 3,50 1,00

RR   RR

Voliere   Zuchtschlag   Abluft in der Decke   Zuchtschlag   Schiebetüren   Abluftkanal

Voliere

2,50

2,50

13,30

Arbeitsraum mit Dressur   Haushalts-spüle

3,30

Voliere   Zuchtschlag

2,50

Voliere   Jungtierschlag (alternativ)

2,50

RR   RR

Ansicht

Zuluftöffnung

Ausflüge

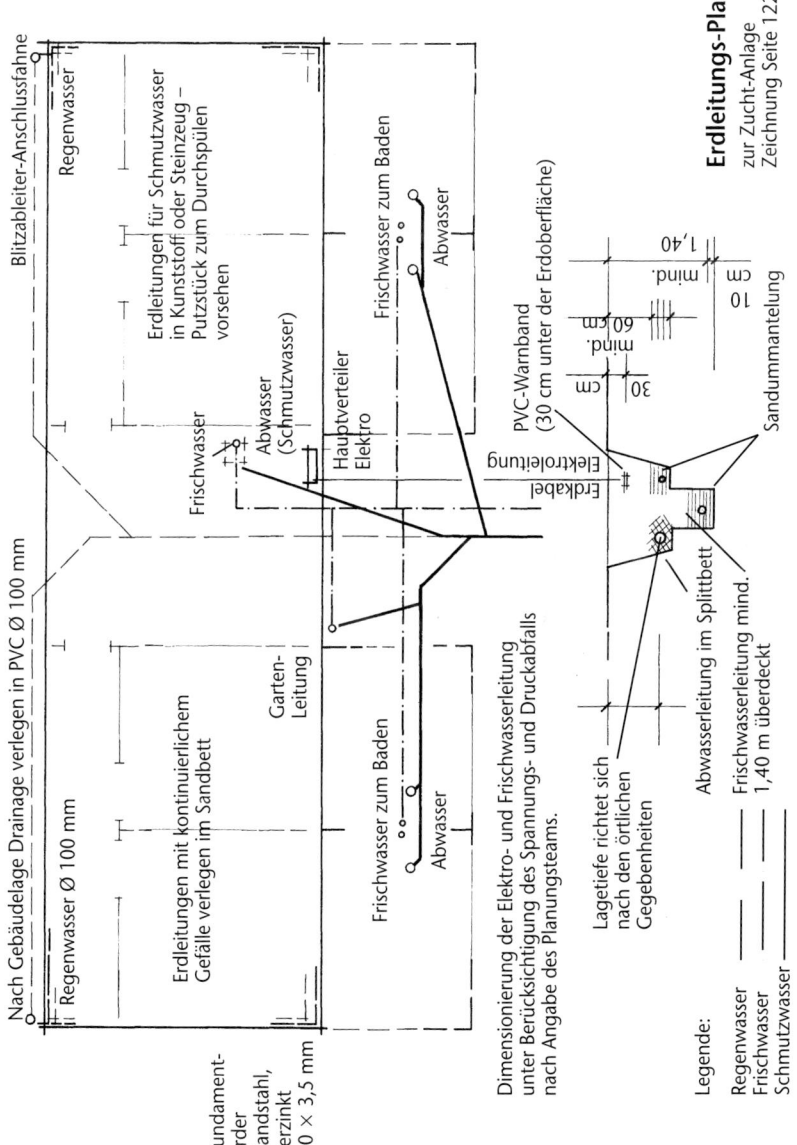

Nach Gebäudelage Drainage verlegen in PVC Ø 100 mm

Blitzableiter-Anschlussfahne

Regenwasser

Erdleitungen für Schmutzwasser
in Kunststoff oder Steinzeug –
Putzstück zum Durchspülen
vorsehen

Frischwasser zum Baden

Abwasser

Abwasser
(Schmutzwasser)

Frischwasser

Hauptverteiler
Elektro

Regenwasser Ø 100 mm

Erdleitungen mit kontinuierlichem
Gefälle verlegen im Sandbett

Garten-
Leitung

Frischwasser zum Baden

Abwasser

Fundament-
erder
Bandstahl,
verzinkt
30 × 3,5 mm

Dimensionierung der Elektro- und Frischwasserleitung
unter Berücksichtigung des Spannungs- und Druckabfalls
nach Angabe des Planungsteams.

Lagetiefe richtet sich
nach den örtlichen
Gegebenheiten

Erdkabel
Elektroleitung

PVC-Warnband
(30 cm unter der Erdoberfläche)

mind. 1,40

10 cm

mind. 60 cm

30 cm

Sandummantelung

Legende:

Regenwasser ————
Frischwasser ————
Schmutzwasser ————

Abwasserleitung im Splittbett
Frischwasserleitung mind.
1,40 m überdeckt

Erdleitungs-Plan
zur Zucht-Anlage
Zeichnung Seite 122

123

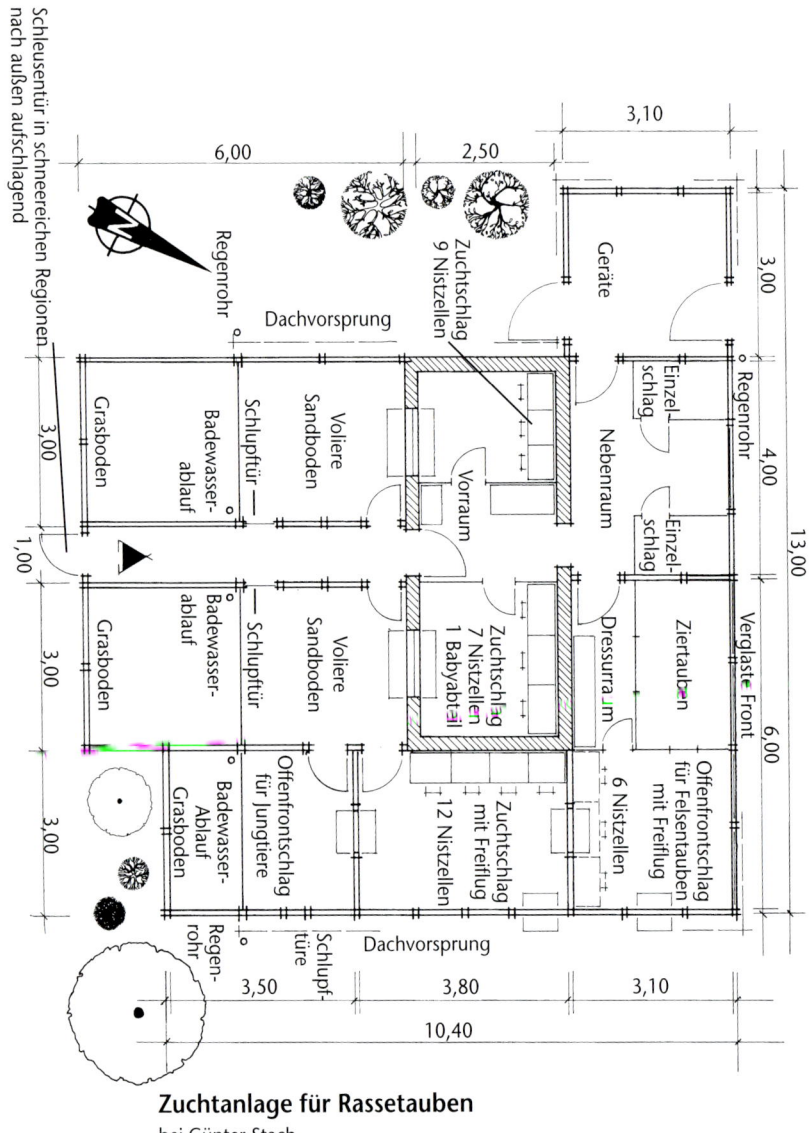

Schleusentür in schneereichen Regionen
nach außen aufschlagend

6,00   2,50   3,10

3,00

Regenrohr

Zuchtschlag
9 Nistzellen

Dachvorsprung

Geräte

Regenrohr   4,00

3,00   Grasboden

Badewasser-
ablauf

Schlupftür

Voliere
Sandboden

Vorraum

Nebenraum

Einzel-
schlag

Einzel-
schlag

13,00

1,00

Badewasser-
ablauf

Schlupftür

Voliere
Sandboden

Zuchtschlag
7 Nistzellen
1 Babyabteil

Dressurraum

Ziertauben

Verglaste Front   6,00

3,00   Grasboden

Badewasser-
Ablauf
Grasboden

Offenfrontschlag
für Jungtiere

12 Nistzellen

Zuchtschlag
mit Freiflug

6 Nistzellen

Offenfrontschlag
für Felsentauben
mit Freiflug

3,00

Regen-
rohr

Schlupf-
türe

Dachvorsprung

3,50   3,80   3,10

10,40

Zuchtanlage für Rassetauben
bei Günter Stach

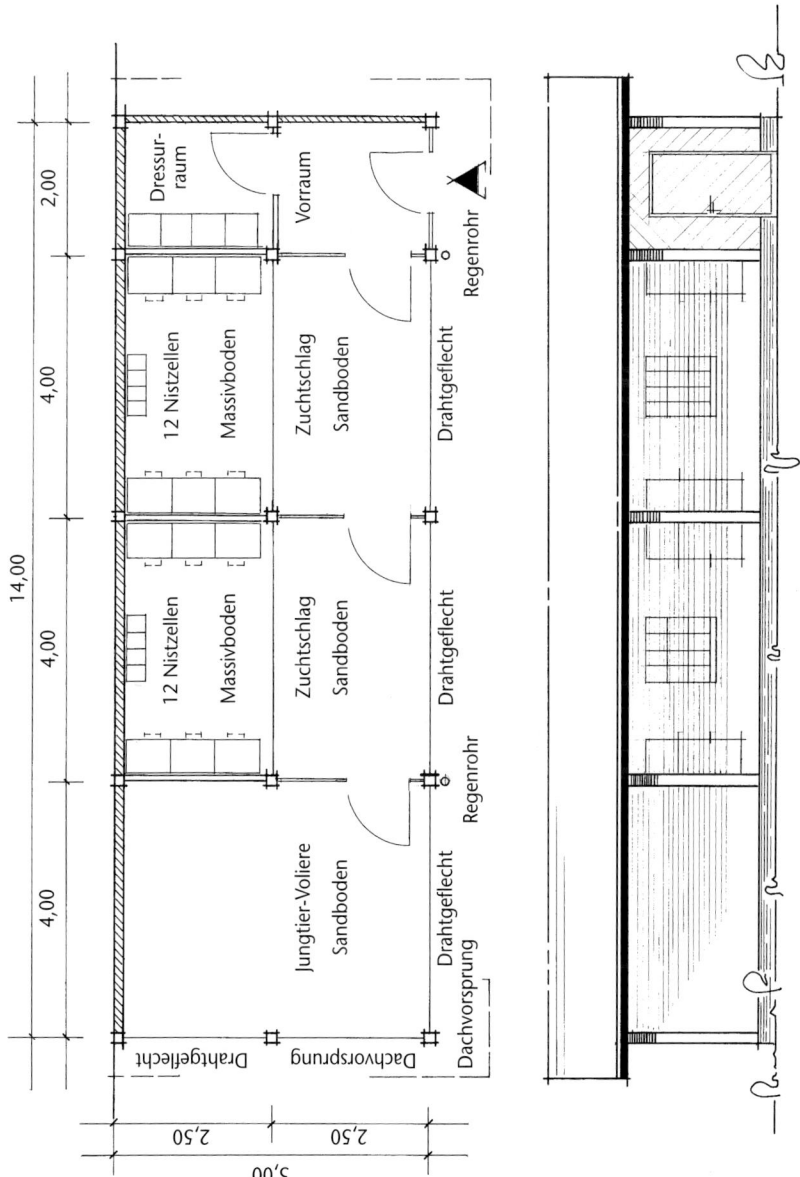

Offenfront-Zuchtanlage

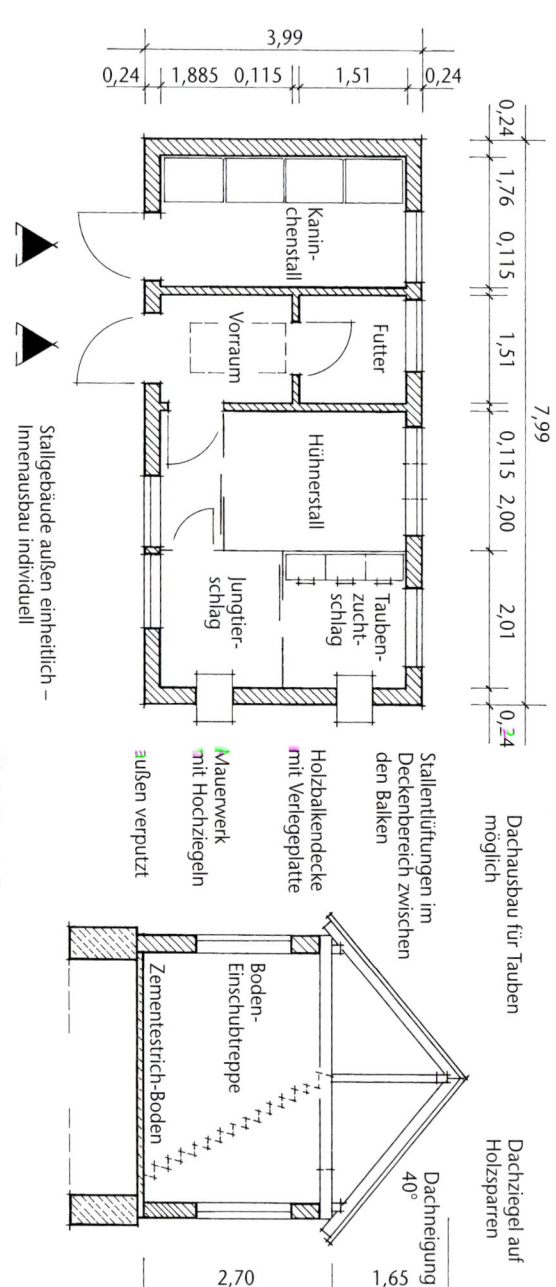

Kleintierstall in Massivbauweise
einer Gemeinschaftszuchtanlage
für Rassekaninchen und Rassegeflügel

außen verputzt

Mauerwerk
mit Hochziegeln

Holzbalkendecke
mit Verlegeplatte

Stallentlüftungen im
Deckenbereich zwischen
den Balken

Dachausbau für Tauben
möglich

Stallgebäude außen einheitlich –
Innenausbau individuell

Dachziegel auf
Holzsparren

Dachneigung
40°

Zementestrich-Boden

Boden-
Einschubtreppe

Kanin-
chenstall

Vorraum

Futter

Hühnerstall

Jungtier-
schlag

Tauben-
zucht-
schlag

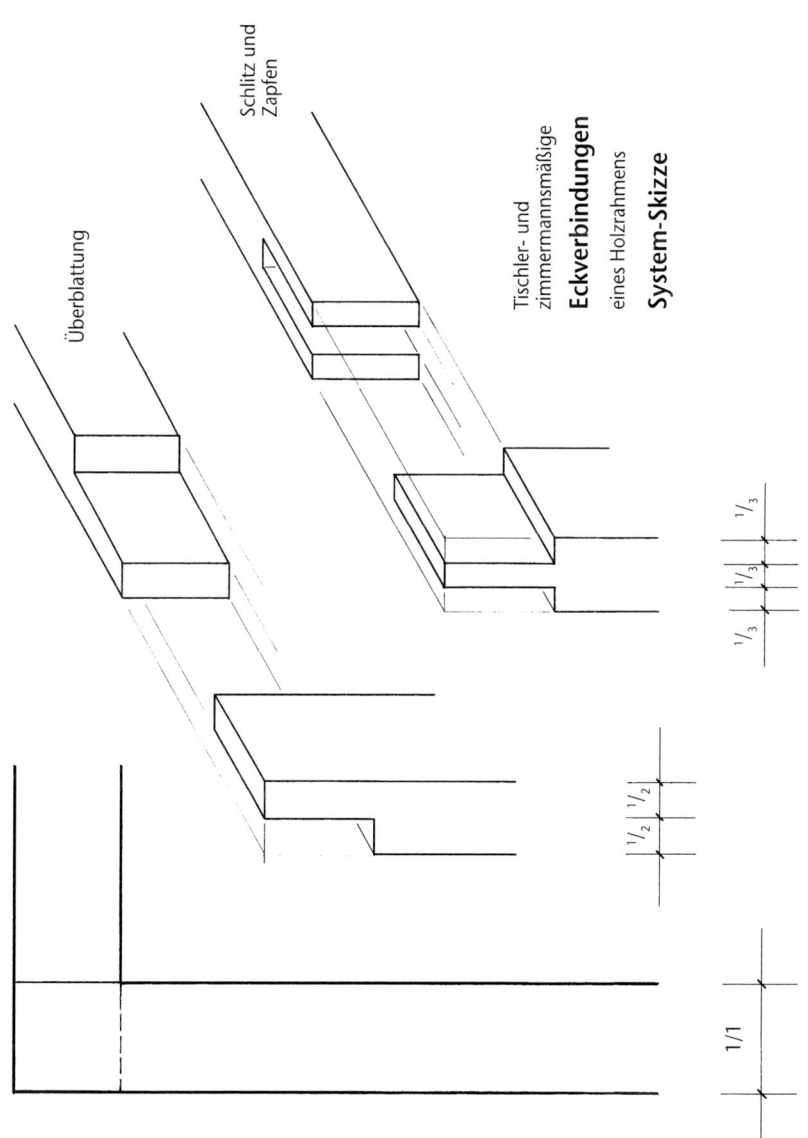

Schlitz und
Zapfen

Überblattung

Tischler- und
zimmermannsmäßige
Eckverbindungen
eines Holzrahmens

System-Skizze

$^1/_3$ $^1/_3$ $^1/_3$

$^1/_2$ $^1/_2$

1/1

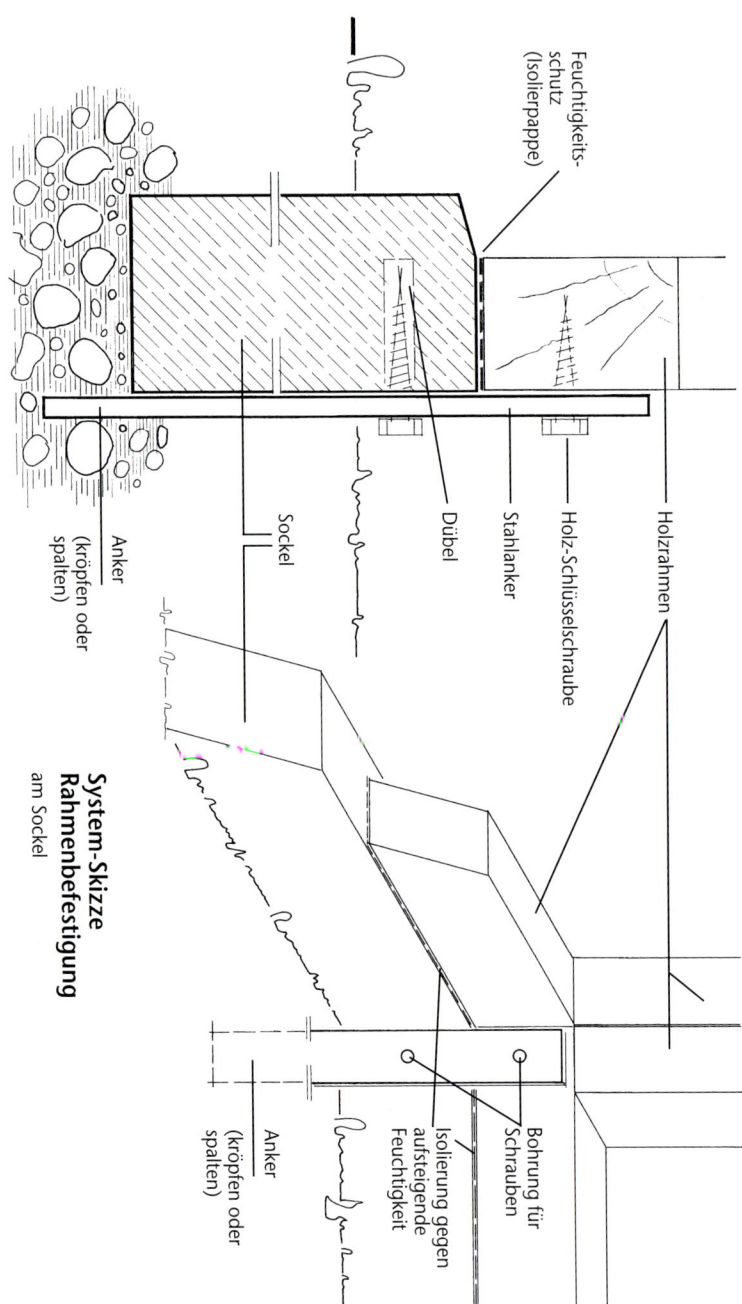

Feuchtigkeits-
schutz
(Isolierpappe)

Anker
(kröpfen oder
spalten)

Sockel

Dübel

Stahlanker

Holz-Schlüsselschraube

Holzrahmen

System-Skizze
Rahmenbefestigung
am Sockel

Isolierung gegen
aufsteigende
Feuchtigkeit

Bohrung für
Schrauben

Anker
(kröpfen oder
spalten)

System-Skizze
Ausbildung des Fußpunktes

Volieren-Holzrahmen
auf Beton-/Steinsockel

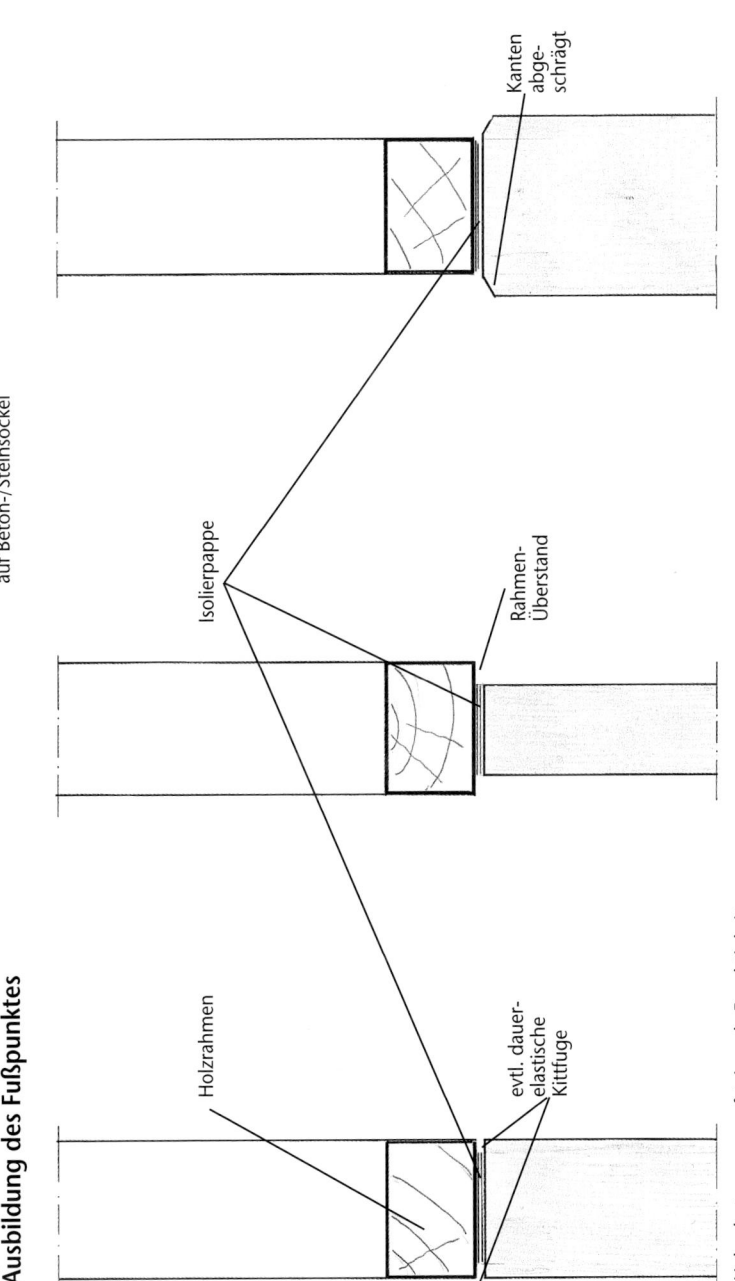

Kanten
abge-
schrägt

Isolierpappe

Rahmen-
Überstand

Holzrahmen

evtl. dauer-
elastische
Kittfuge

Holzschutz gegen aufsteigende Feuchtigkeit

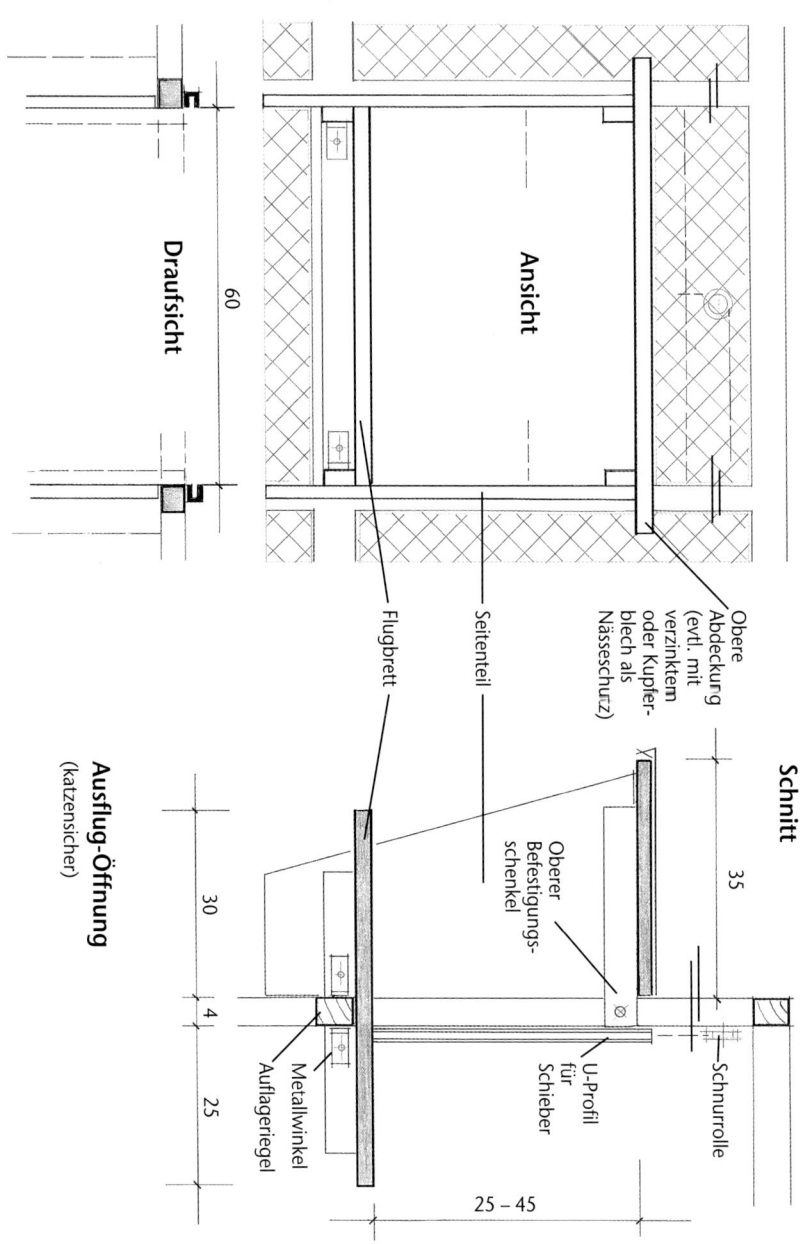

Draufsicht

60

Ansicht

Obere
Abdeckung
(evtl. mit
verzinktem
oder Kupfer-
blech als
Nässeschutz)

Flugbrett

Seitenteil

Schnitt

35

Oberer
Befestigungs-
schenkel

Metallwinkel
Auflageriegel

U-Profil
für
Schieber

Schnurrolle

Ausflug-Öffnung
(katzensicher)

30

4

25

25 – 45

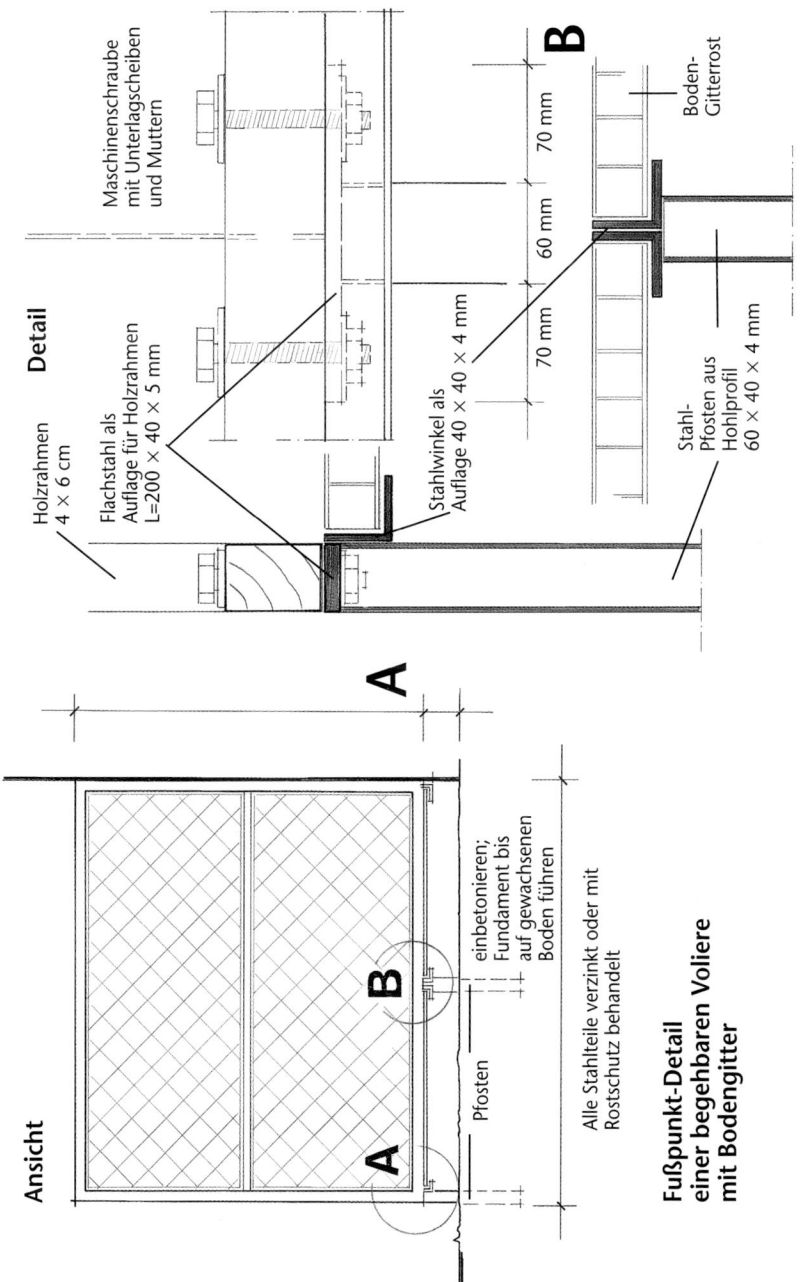

Detail

Maschinenschraube mit Unterlagscheiben und Muttern

Holzrahmen 4 × 6 cm

Flachstahl als Auflage für Holzrahmen L=200 × 40 × 5 mm

Stahlwinkel als Auflage 40 × 40 × 4 mm

Boden-Gitterrost

70 mm

60 mm

70 mm

B

Stahl-Pfosten aus Hohlprofil 60 × 40 × 4 mm

A

Ansicht

B

Pfosten

einbetonieren; Fundament bis auf gewachsenen Boden führen

Alle Stahlteile verzinkt oder mit Rostschutz behandelt

A

Fußpunkt-Detail einer begehbaren Voliere mit Bodengitter

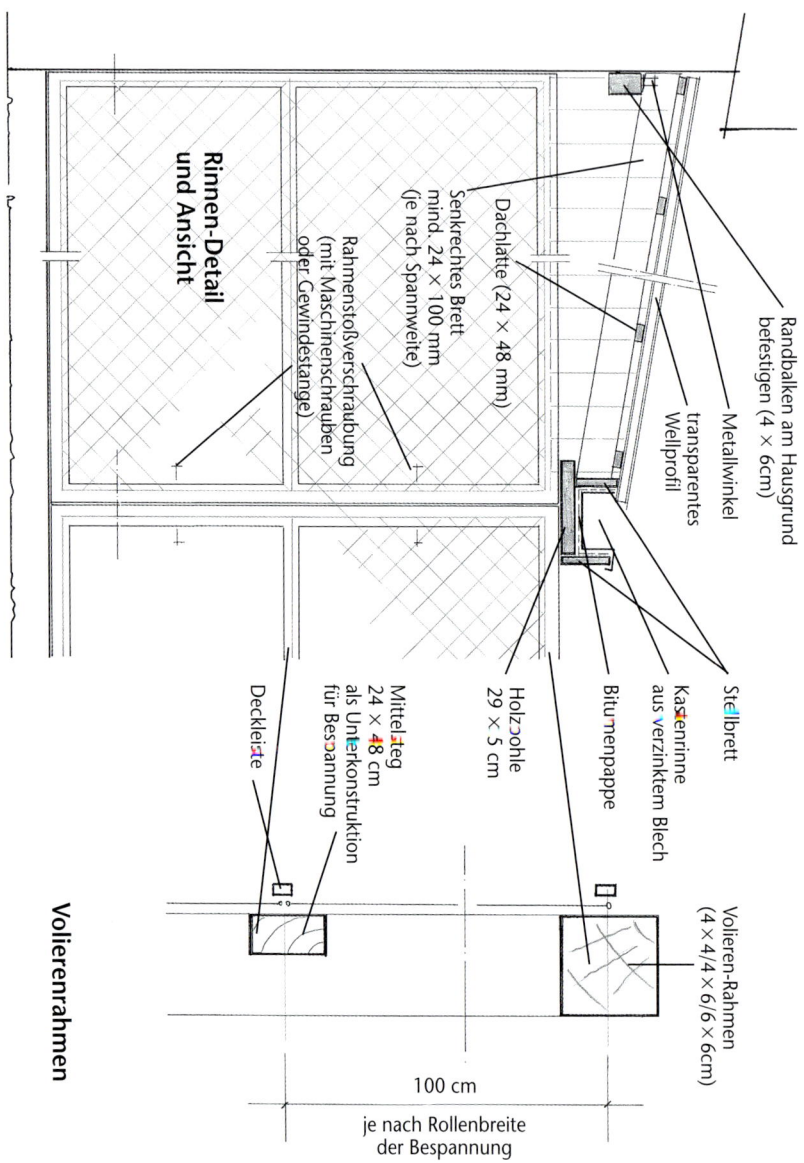

Rinnen-Detail und Ansicht

Randbalken am Hausgrund befestigen (4 × 6cm)

Metallwinkel

transparentes Wellprofil

Senkrechtes Brett mind. 24 × 100 mm (je nach Spannweite)

Dachlatte (24 × 48 mm)

Rahmenstoßverschraubung (mit Maschinenschrauben oder Gewindestange)

Stellbrett

Kastenrinne aus verzinktem Blech

Bitumenpappe

Holzsohle 29 × 5 cm

Mittelsteg 24 × 48 cm als Unterkonstruktion für Bespannung

Deckleiste

Volieren-Rahmen (4 × 4/4 × 6/6 × 6cm)

Volierenrahmen

100 cm

je nach Rollenbreite der Bespannung

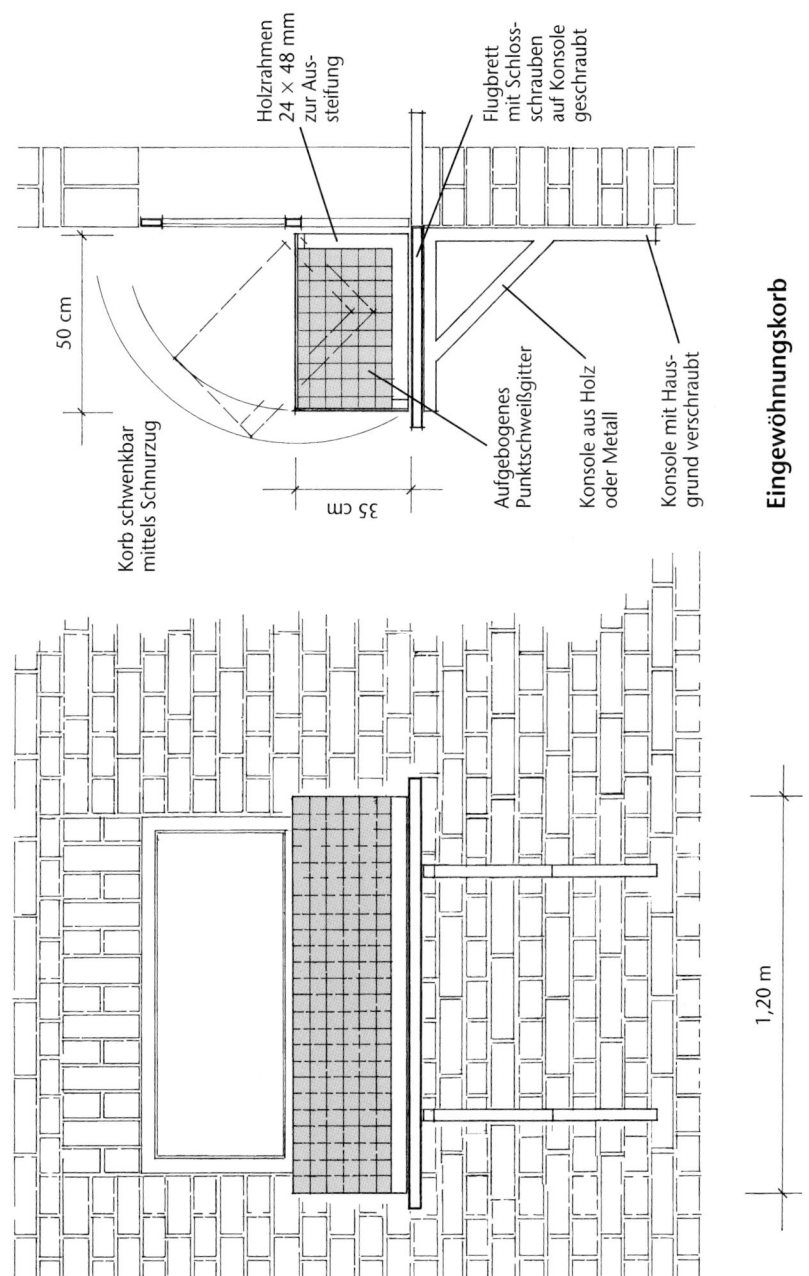

Holzrahmen 24 × 48 mm zur Aussteifung

Flugbrett mit Schlossschrauben auf Konsole geschraubt

Korb schwenkbar mittels Schnurzug

50 cm

35 cm

Aufgebogenes Punktschweißgitter

Konsole aus Holz oder Metall

Konsole mit Hausgrund verschraubt

Eingewöhnungskorb

1,20 m

Dachschlag
unter Satteldach

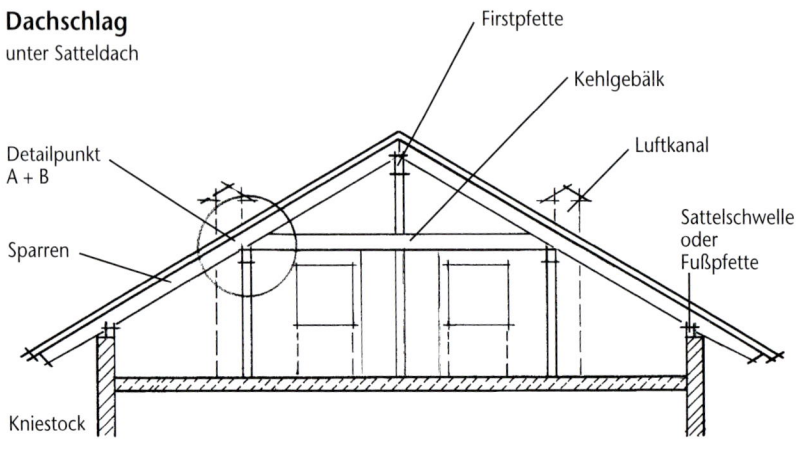

Firstpfette

Kehlgebälk

Luftkanal

Detailpunkt
A + B

Sparren

Sattelschwelle
oder
Fußpfette

Kniestock

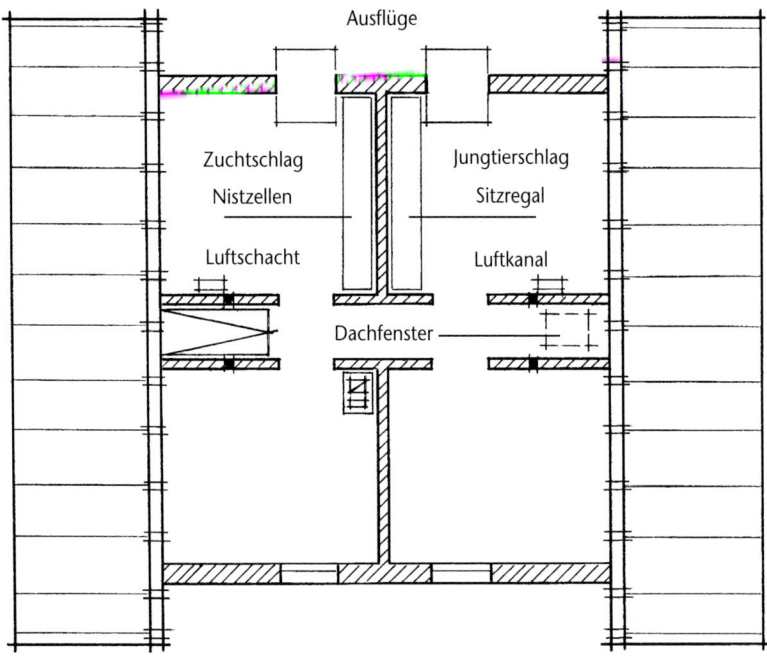

Ausflüge

Zuchtschlag

Nistzellen

Luftschacht

Jungtierschlag

Sitzregal

Luftkanal

Dachfenster

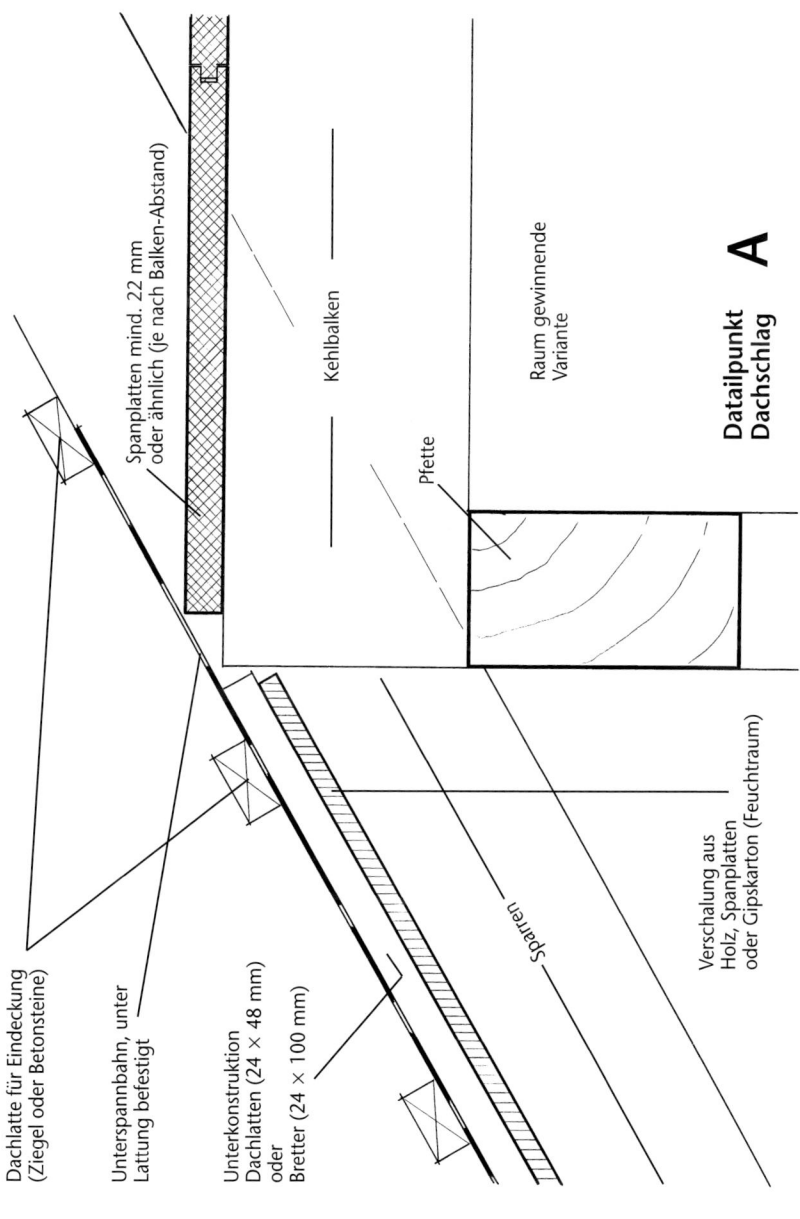

Dachlatte für Eindeckung
(Ziegel oder Betonsteine)

Unterspannbahn, unter
Lattung befestigt

Unterkonstruktion
Dachlatten (24 × 48 mm)
oder
Bretter (24 × 100 mm)

Spanplatten mind. 22 mm
oder ähnlich (je nach Balken-Abstand)

Kehlbalken

Pfette

Raum gewinnende
Variante

Sparren

Verschalung aus
Holz, Spanplatten
oder Gipskarton (Feuchtraum)

**Detailpunkt
Dachschlag** A

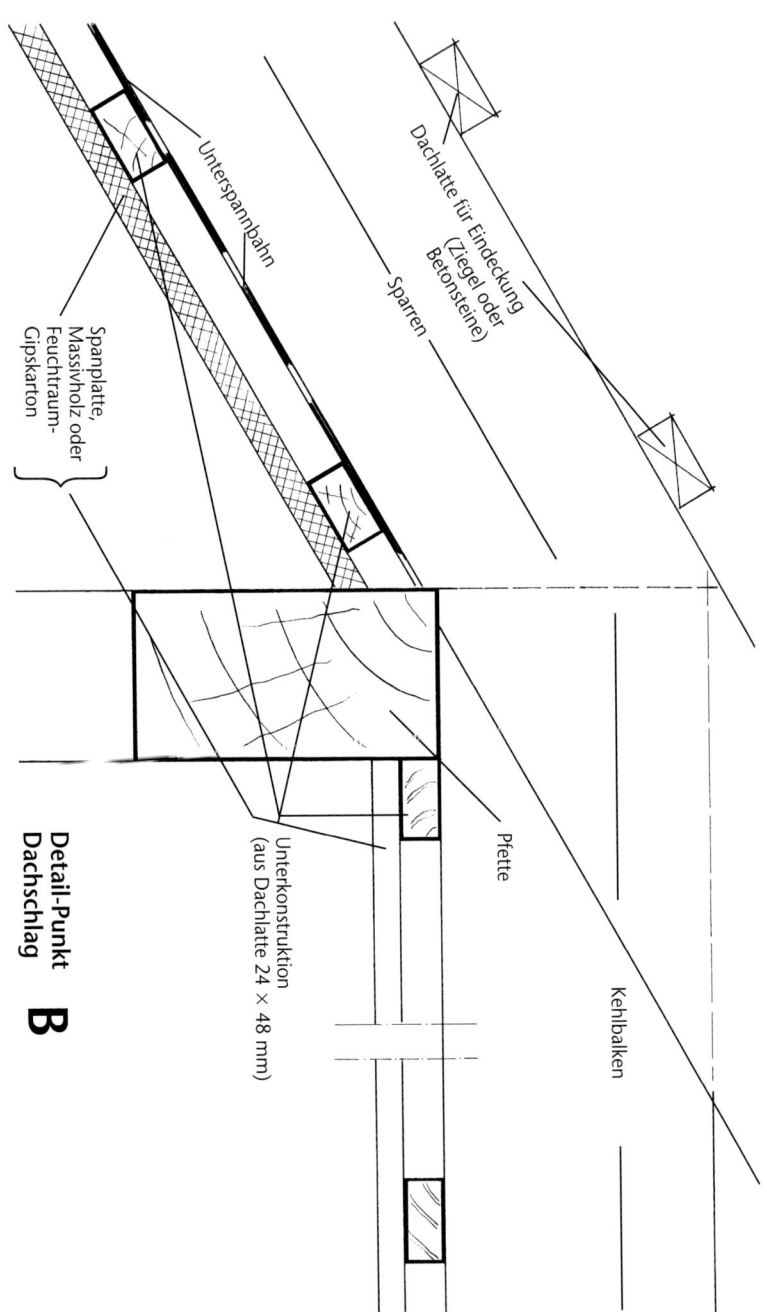

Dachlatte für Eindeckung
(Ziegel oder
Betonsteine)

Unterspannbahn

Sparren

Spanplatte,
Massivholz oder
Feuchtraum-
Gipskarton

Pfette

Unterkonstruktion
(aus Dachlatte 24 × 48 mm)

Kehlbalken

**Detail-Punkt
Dachschlag** **B**

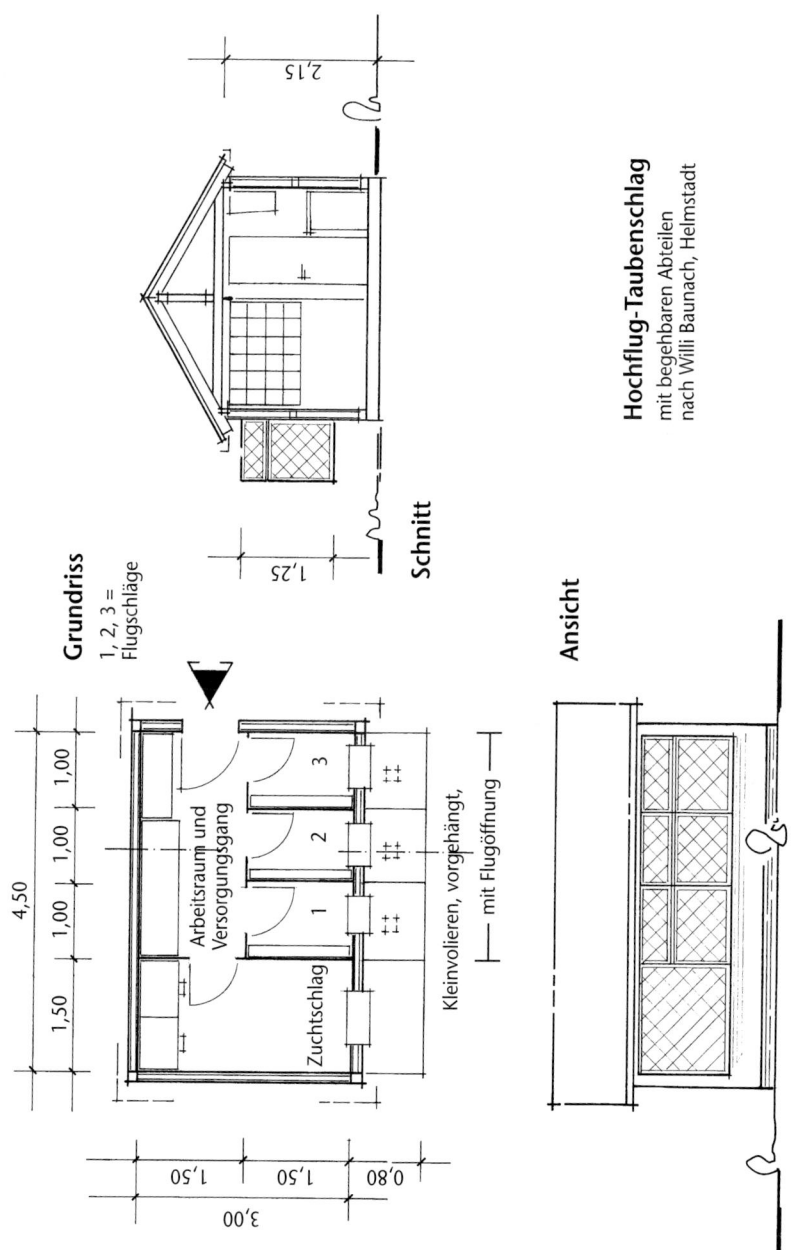

Grundriss

1, 2, 3 =
Flugschläge

4,50

1,00
1,00
1,00
1,50

Arbeitsraum und
Versorgungsgang

Zuchtschlag

3
2
1

Kleinvolieren, vorgehängt,
— mit Flugöffnung —

1,50
1,50
0,80

3,00

Schnitt

2,15

1,25

Hochflug-Taubenschlag
mit begehbaren Abteilen
nach Willi Baunach, Helmstadt

Ansicht

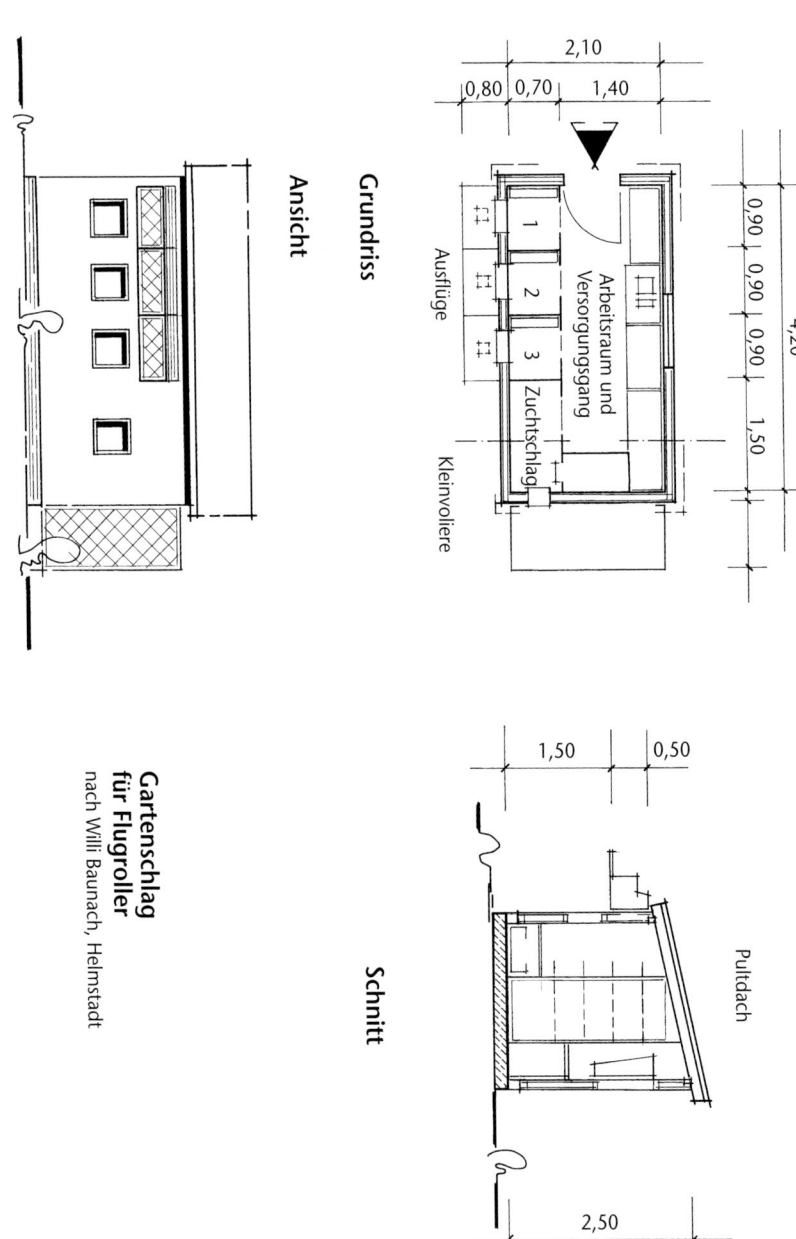

Ansicht

Grundriss

2,10

0,80 0,70 1,40

Ausflüge

1
2
3

Arbeitsraum und
Versorgungsgang

Zuchtschlag

Kleinvoliere

0,90 0,90 0,90 1,50

4,20

Schnitt

1,50 0,50

Pultdach

2,50

**Gartenschlag
für Flugroller**
nach Willi Baunach, Helmstadt

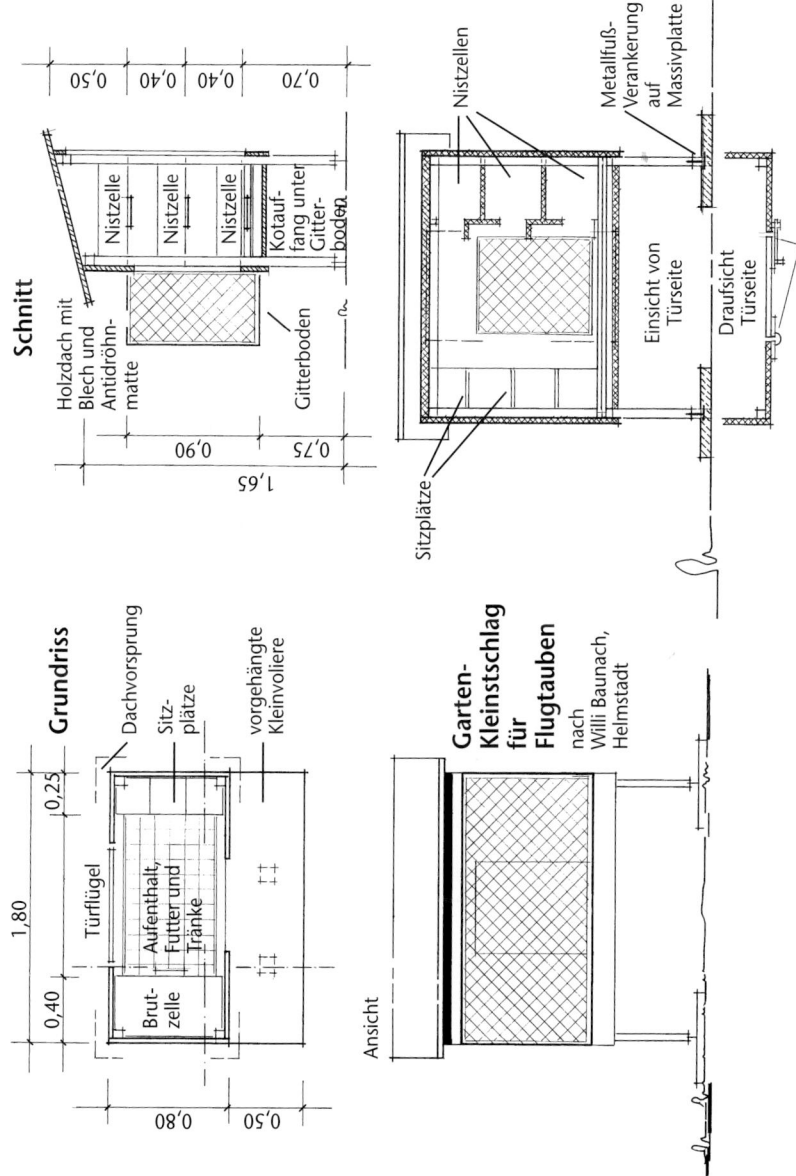

Schnitt

Holzdach mit Blech und Antidröhnmatte

Nistzelle · Nistzelle · Nistzelle · Kotauffang unter Gitterboden

Gitterboden

0,50 | 0,40 | 0,40 | 0,70

0,90 | 0,75 | 1,65

Nistzellen

Metallfuß-Verankerung auf Massivplatte

Einsicht von Türseite

Draufsicht Türseite

Sitzplätze

Grundriss

Dachvorsprung

Sitzplätze

vorgehängte Kleinvoliere

Türflügel

Aufenthalt, Futter und Tränke

Brutzelle

1,80 | 0,25 | 0,40

0,80 | 0,50

Garten-Kleinstschlag für Flugtauben

nach Willi Baunach, Helmstadt

Ansicht

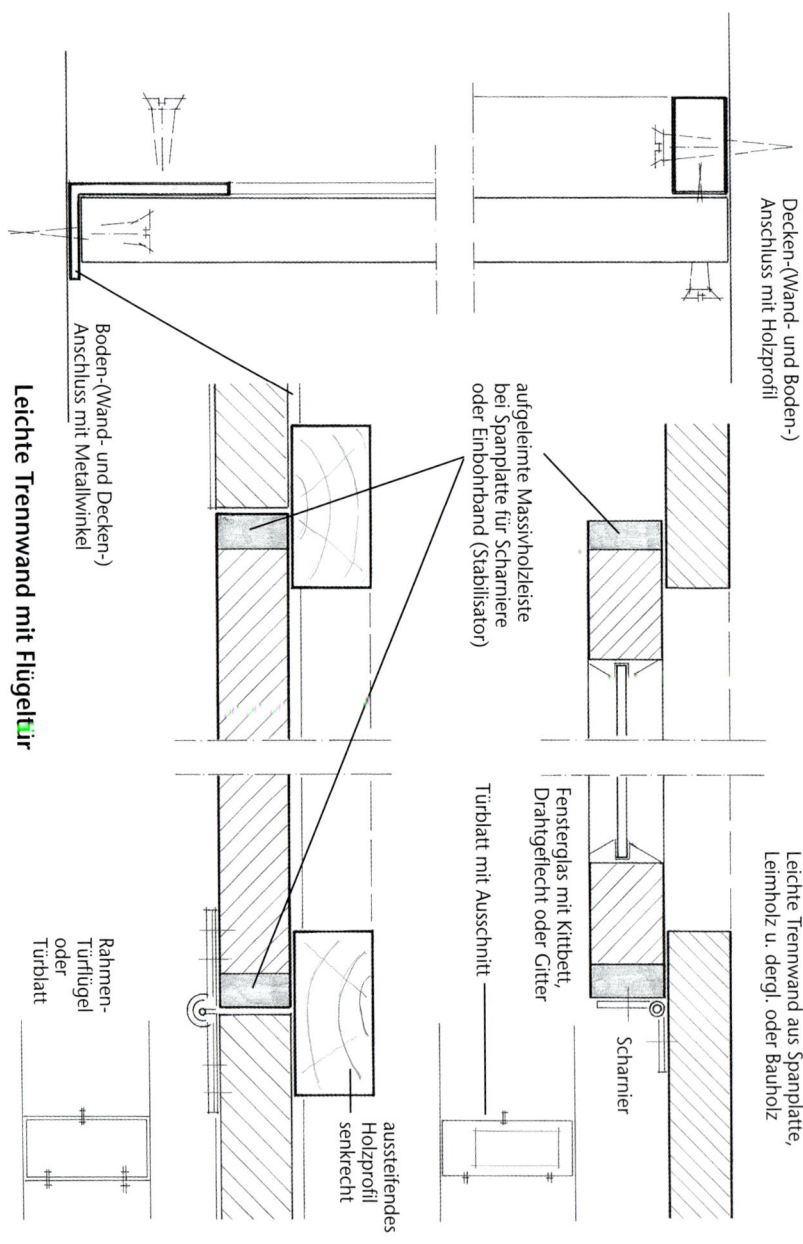

Leichte Trennwand mit Flügeltür

Decken-(Wand- und Boden-) Anschluss mit Holzprofil

Boden-(Wand- und Decken-) Anschluss mit Metallwinkel

aufgeleimte Massivholzleiste bei Spanplatte für Scharniere oder Einbohrband (Stabilisator)

Leichte Trennwand aus Spanplatte, Leimholz u. dergl. oder Bauholz

Türblatt mit Ausschnitt

Fensterglas mit Kittbett, Drahtgeflecht oder Gitter

Scharnier

Rahmen- Türflügel oder Türblatt

aussteifendes Holzprofil senkrecht

Schlagbau für Einzelpaarhaltung

nach einer Schilderung von:
Hansjörg Gradert, Kükelühn

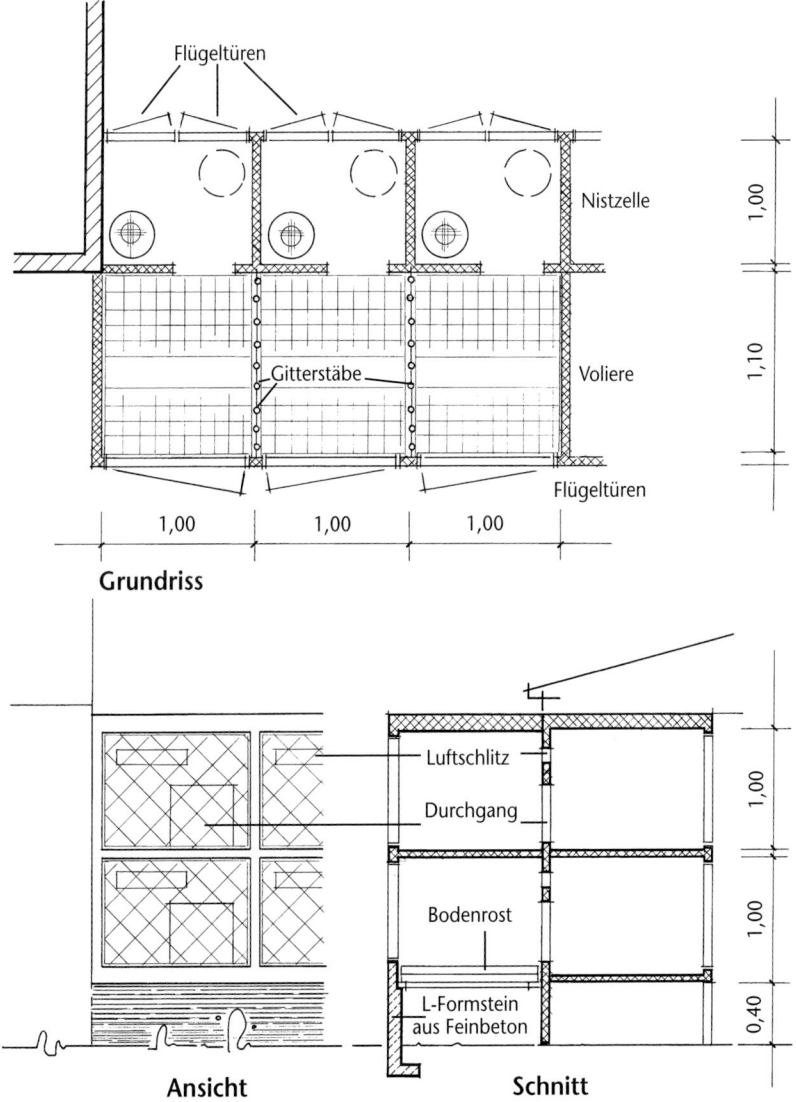

Flügeltüren

Nistzelle

1,00

Gitterstäbe

Voliere

1,10

Flügeltüren

1,00   1,00   1,00

Grundriss

Luftschlitz

Durchgang

1,00

Bodenrost

1,00

L-Formstein
aus Feinbeton

0,40

Ansicht   **Schnitt**

141

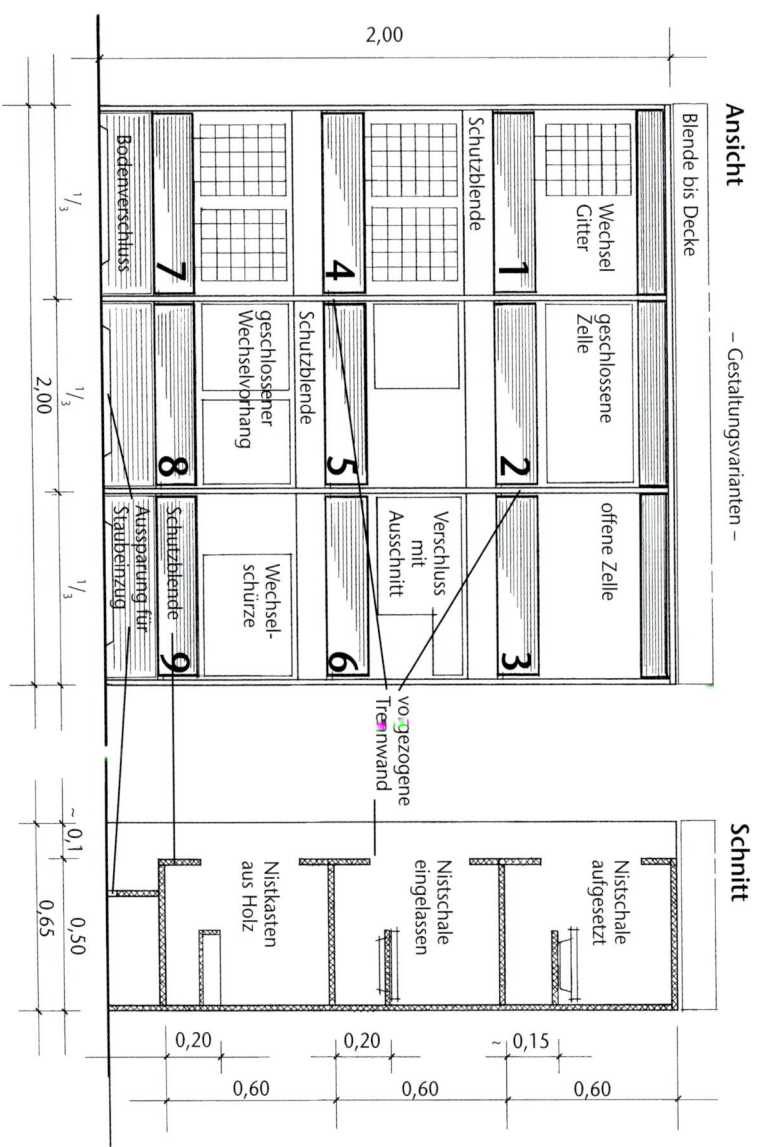

Nistzellenblock mit 9 Einzelboxen

– Gestaltungsvarianten –

Ansicht

Blende bis Decke

Schutzblende

Wechsel Gitter

geschlossene Zelle

offene Zelle

geschlossener Wechselvorhang

Verschluss mit Ausschnitt

Wechsel-schürze

Bodenverschluss

Aussparung für Staubeinzug

vorgezogene Trennwand

2,00

1/3   1/3   1/3

2,00

1   2   3
4   5   6
7   8   9

Schnitt

Nistschale aufgesetzt

Nistschale eingelassen

Nistkasten aus Holz

~0,1

0,65   0,50

0,20   0,20   ~0,15

0,60   0,60   0,60

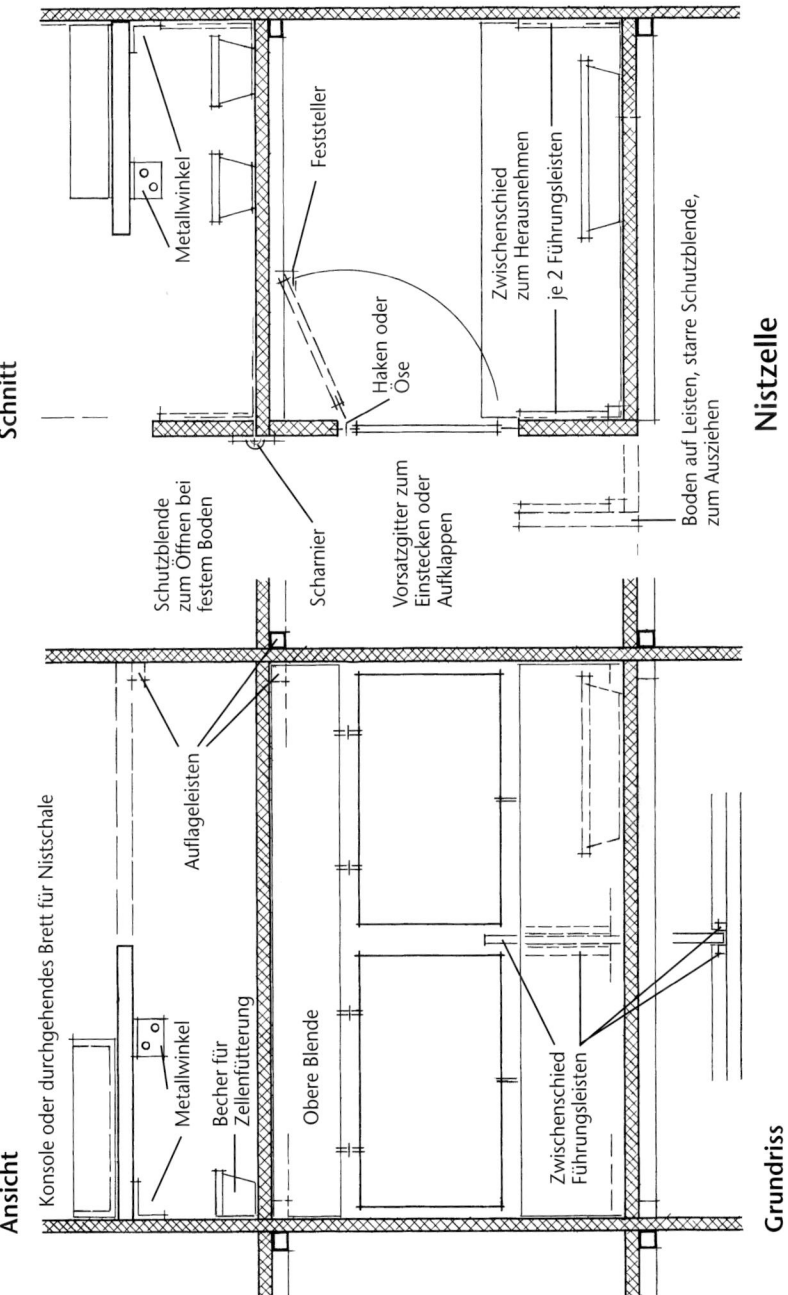

Schnitt

Metallwinkel

Feststeller

Zwischenschied zum Herausnehmen

je 2 Führungsleisten

Haken oder Öse

Boden auf Leisten, starre Schutzblende, zum Ausziehen

Schutzblende zum Öffnen bei festem Boden

Scharnier

Vorsatzgitter zum Einstecken oder Aufklappen

Nistzelle

Ansicht

Konsole oder durchgehendes Brett für Nistschale

Auflageleisten

Metallwinkel

Becher für Zellenfütterung

Obere Blende

Zwischenschied Führungsleisten

Grundriss

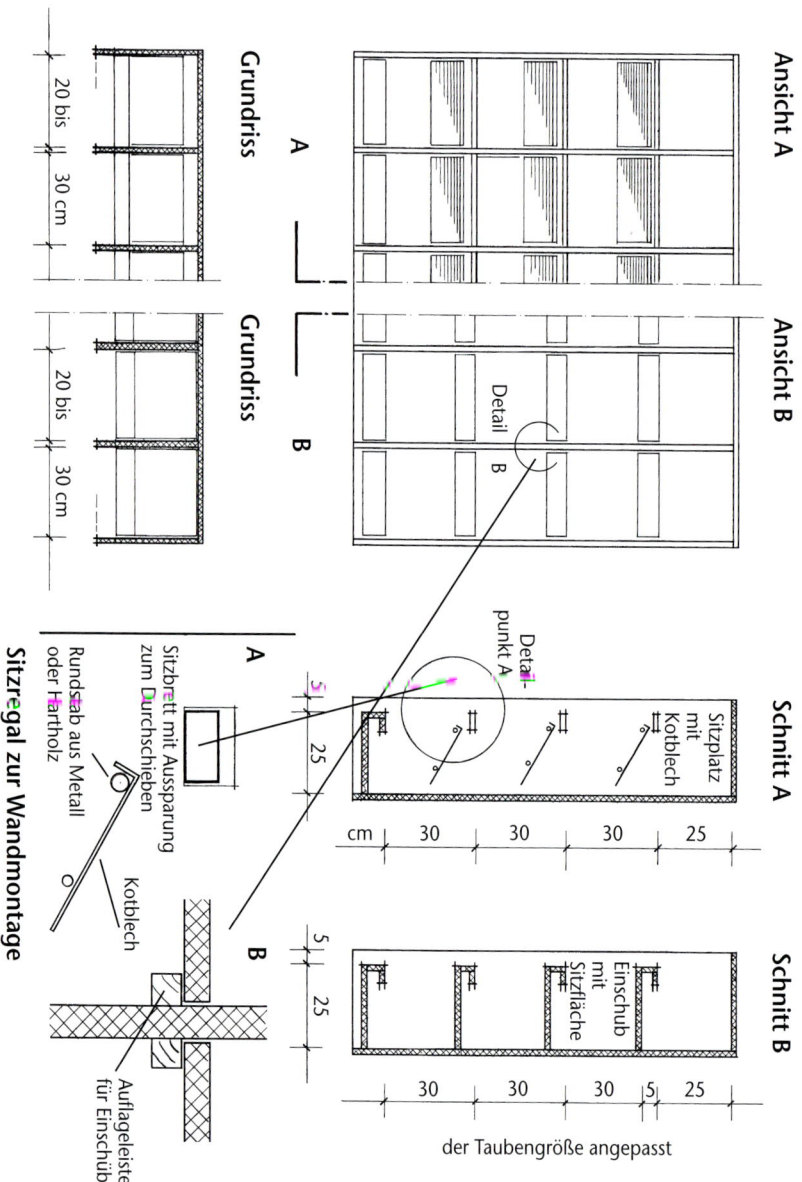

Ansicht A

Ansicht B

Grundriss

A

Grundriss

B

20 bis 30 cm

20 bis 30 cm

Detail B

Detail-punkt A

Schnitt A

Sitzplatz mit Kotblech

cm | 30 | 30 | 30 | 25

5

25

Schnitt B

Einschub mit Sitzfläche

30 | 30 | 30 | 5 | 25

5

25

der Taubengröße angepasst

Sitzregal zur Wandmontage

A

Sitzbrett mit Aussparung zum Durchschieben

Rundstab aus Metall oder Hartholz

Kotblech

B

Auflageleisten für Einschübe

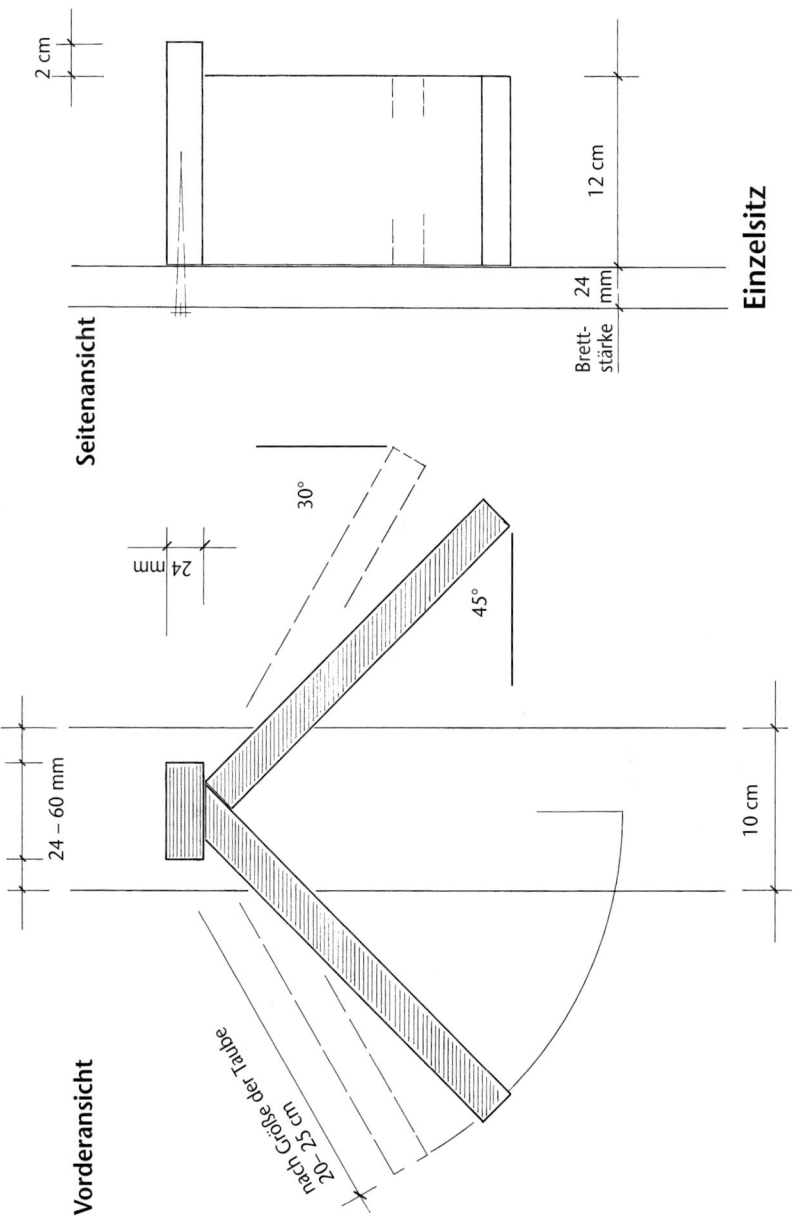

Seitenansicht

2 cm

12 cm

24 mm

Brett-stärke

Einzelsitz

30°

24 mm

45°

Vorderansicht

24 – 60 mm

10 cm

nach Größe der Taube
20 – 25 cm

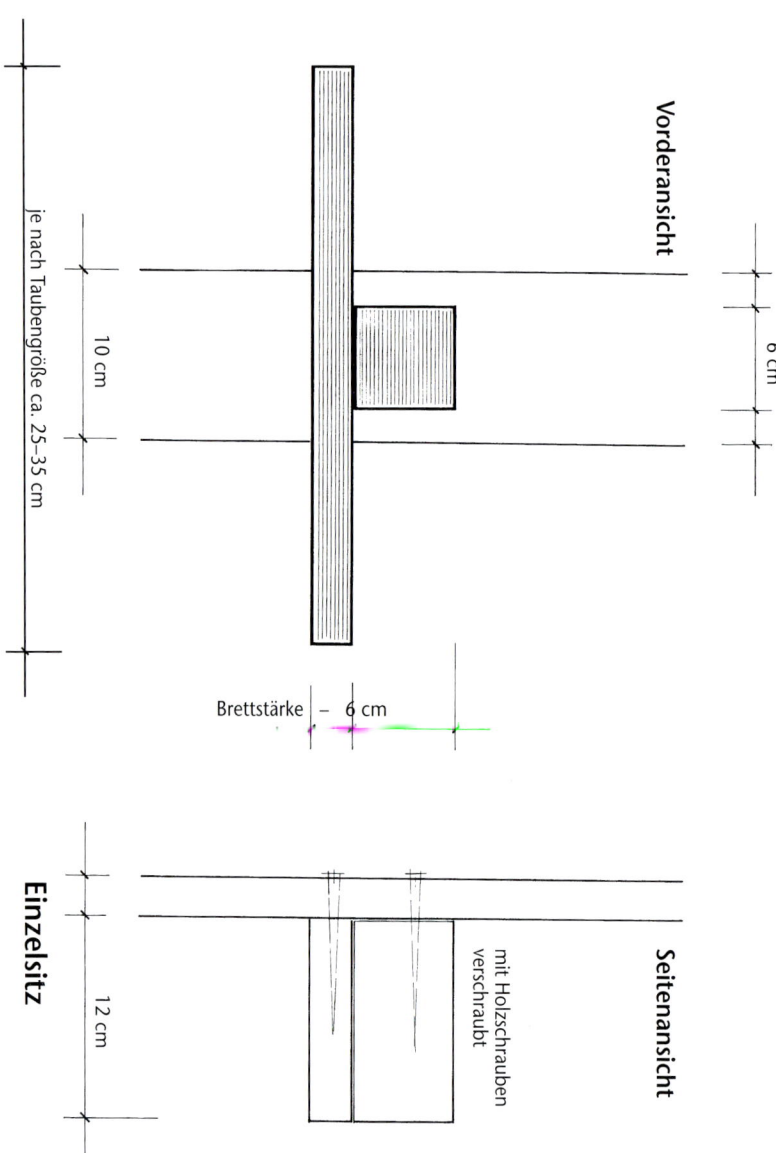

Vorderansicht

je nach Taubengröße ca. 25-35 cm

10 cm

6 cm

Brettstärke — 6 cm

Einzelsitz

Seitenansicht

12 cm

mit Holzschrauben
verschraubt

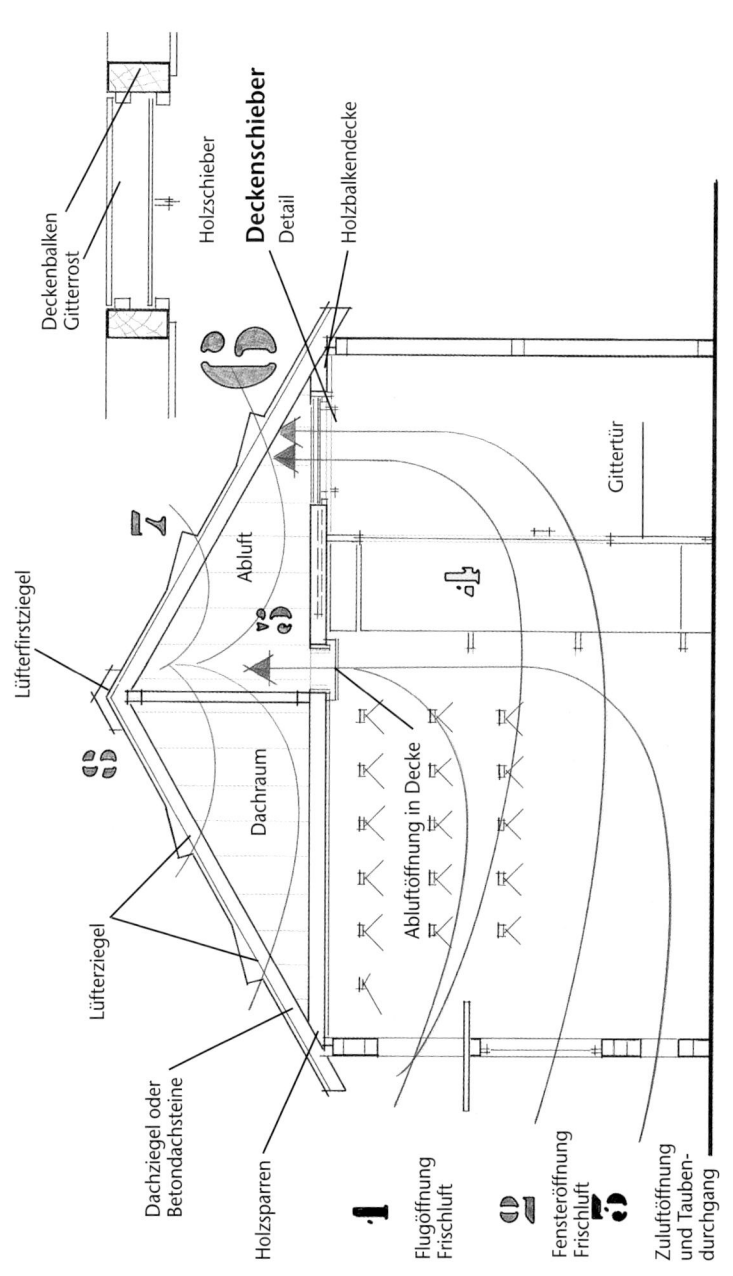

Deckenbalken
Gitterrost

Holzschieber

Deckenschieber
Detail

Holzbalkendecke

Lüfterfirstziegel

Lüfterziegel

Dachziegel oder
Betondachsteine

Holzsparren

Abluft

Dachraum

Abluftöffnung in Decke

Gittertür

Flugöffnung
Frischluft

Fensteröffnung
Frischluft

Zuluftöffnung
und Tauben-
durchgang

Natürliche Schlagluftregulierung

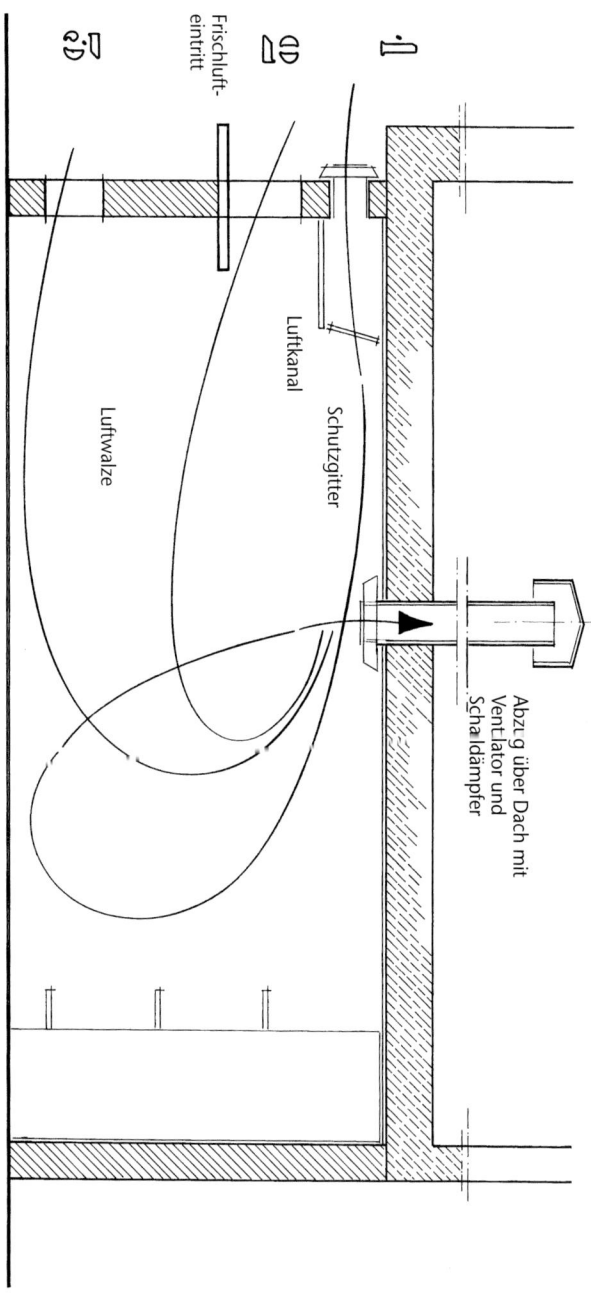

System einer mechanischen Lüftung

Frischluft-
eintritt

Luftkanal

Schutzgitter

Luftwalze

Abzug über Dach mit
Ventilator und
Schalldämpfer

Lageplan

Kreis:	Langenborn
Gemeinde:	Freudenhain
Gemarkung:	Hangwiesen

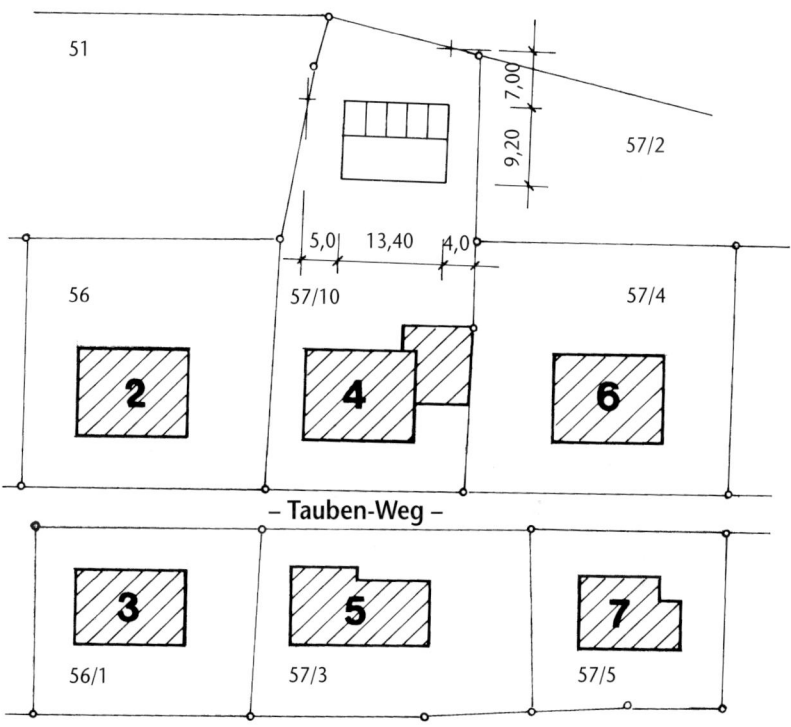

Flurkarte: NW 28

Büro für Ortsplanung
P. Strasser u. Partner
Freudenhain/Langenborn

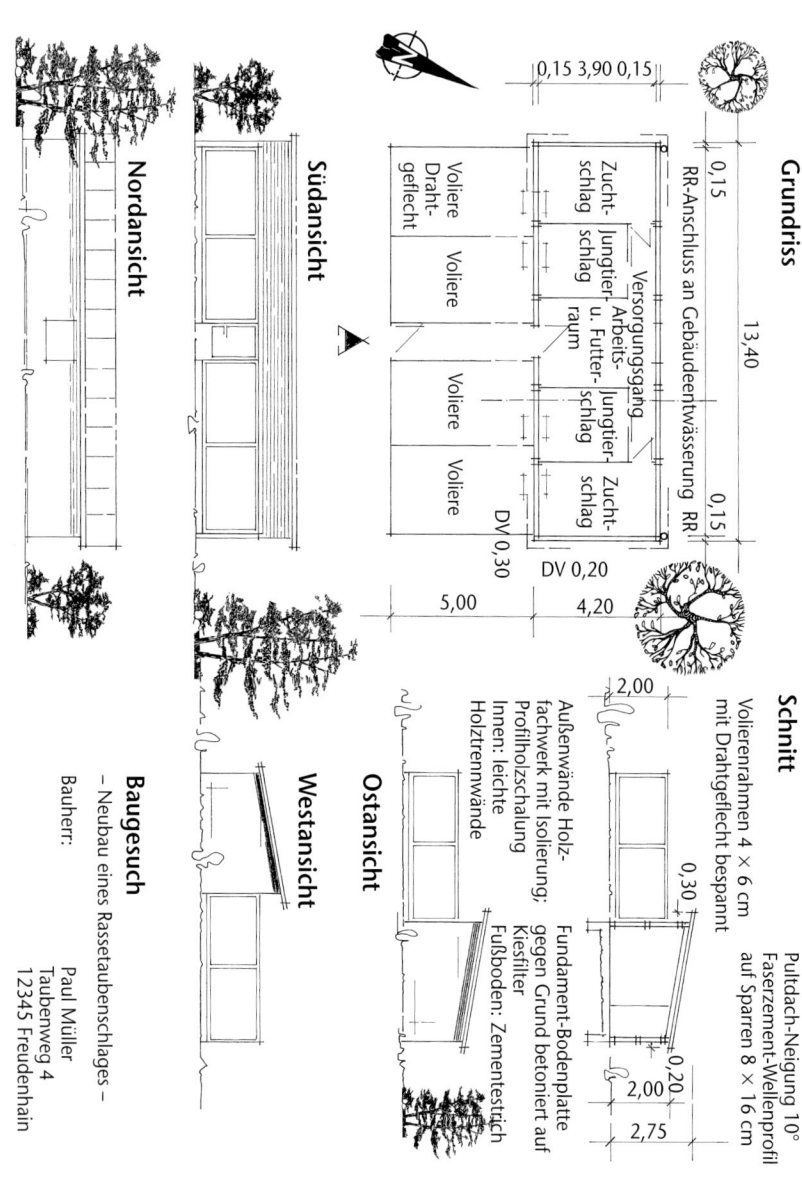

Nordansicht

Südansicht

Grundriss

0,15 3,90 0,15

0,15

RR-Anschluss an Gebäudeentwässerung RR

13,40

Zucht-schlag

Jungtier-schlag

Voliere

Voliere Draht-geflecht

Versorgungsgang

Arbeits- u. Futter-raum

Jungtier-schlag

Zucht-schlag

Voliere

Voliere

0,15

DV 0,30

DV 0,20

5,00

4,20

Schnitt

Volierenrahmen 4 × 6 cm mit Drahtgeflecht bespannt

Pultdach-Neigung 10° Faserzement-Wellenprofil auf Sparren 8 × 16 cm

Außenwände Holz-fachwerk mit Isolierung; Profilholzschalung Innen: leichte Holztrennwände

Fundament-Bodenplatte gegen Grund betoniert auf Kiesfilter Fußboden: Zementestrich

2,00

0,30

0,20

2,00

2,75

Ostansicht

Westansicht

Baugesuch

– Neubau eines Rassetaubenschlages –

Bauherr:

Paul Müller
Taubenweg 4
12345 Freudenhain

Literaturverzeichnis

Köhler, Dietmar: **Tauben – Ernährung und Fütterung,** Oertel + Spörer,
Reutlingen 2011

Müller, E. und Dr. Schrag: **Gesunde Tauben,** Schober Verlag, 1984

Stach, Günter: **Taubenzucht – Ratgeber für die Praxis,** Oertel + Spörer,
Reutlingen 2012

Stach, Günter: **Verhalten der Taube sowie Taubenschläge und
Taubenschlageinrichtungen** in: Alles über Rassetauben, Band 1: Verlag
Oertel + Spörer

Stach, Günter: **Der Tauben Ein- und Ausflug** in: Deutscher Kleintier-Züchter,
Verlagshaus Reutlingen Oertel + Spörer 18/1999

Stach, Günter: **Dominieren und Vegetieren im Taubenschlag** in: Geflügel-Börse,
Verlag Jürgens KG, München 11/1993

Stach, Günter: **Der Rassetaubenschlag und seine Einrichtungen** in: Handbuch
der Taubenrassen, die Taubenrassen der Welt. Verlag Wolters, 1994

Stach, Günter: **Taubenschläge – Planung, Schlagarten, Schlagbau, Volieren, Einrichtungen und Gebrauchsgegenstände** in: Zucht und Haltung von Rassetauben,
Verlagshaus Reutlingen Oertel + Spörer, 1996

Vogel, C.: **Die Taube,** Deutscher Landwirtschaftsverlag Berlin, 1992

Landesbauordnung (LBO) von Baden-Württemberg. Fassung 1995

Fachzeitschriften

Geflügel-Börse, Germering

Geflügelzeitung, Bauernverlag Berlin

Schweizer Tierwelt, Bofingen